航空航天
临床心理学

著　者：雷蒙德·E.金

主　译：马海鹰

副主译：李川云　吴　歆

译　者：马海鹰　李川云　吴　歆

　　　　武圣君　承　雨　金　斌

　　　　李佚帆

U0220234

復旦大學 出版社

中文版序

　　"上九天揽月,下五洋捉鳖。"人类对于天空和太空的向往,从古至今从未改变过。从1903年莱特兄弟第一次成功驾驶飞机飞行到人类对火星、深空的探索,仅仅100余年的时间,人类载人航空航天活动和研究进入了快速发展阶段。

　　航空航天环境与人类世代生息的地面环境有着极大的差异。载荷、失重、噪声、震动、三维空间等物理刺激,在导致生理活动变化的同时,对人类的心理活动,如空间认知、情绪状态、决策行为、人际交往等也会产生明显的影响。然而,这些物理刺激对生理、心理影响的机制是什么? 如何维护航空航天人员在这些特殊环境下的身心健康,就是本书要探讨的问题。

　　传统航空航天医学书籍,大多以教科书形式传授相关知识,偏重基本概念、基本理论、研究方法和相关进展等。尽管体系完整、结构清晰、方法严谨、论述规范,但不乏有些枯燥、呆板。而本书摒弃了严谨而呆板的面孔,像小说一般,通过一个个故事、案例和启示,把航空航天临床心理学的知识用通俗易懂的方式讲给大众听。这就是马海鹰老师及其团队翻译本书的初衷。

　　本书给我留下了深刻印象。原书作者打破了传统教科书的论述模式,从自己从业经历讲起,从职业挫折讲到了如何融入这个领域,从个人职业发展逐步摊开了航空航天临床医学的画卷,仿佛是信手拈来,如散文叙述一般,将严谨刻板的科学知识活灵活现地展现在读者面前,但它在专业性上和对具体的医学问题却又不乏严谨细致。作者深入浅出地讲述了航空航天临床医学所面临的问题,有宏观层面的政策性考虑,也有微观层面的专业性操作;有临床医学的实践应用,也有职业发展的人生感悟,在不知不觉中拉近了人们与航空航天科学知识的距离。作者对航空航天医学在军事应用方面的描述全面、细致、专业,体现了他在军事航空方面的学术造诣,为读者开辟了一个全新的视角和领域。我认为,这是一本专业人员以及所有热爱航空航天科学的人都值得一读的好书,诚心推荐给大家。

空军军医大学军事医学心理学系教授　苗丹民
全国征兵心理检测技术中心主任

2019 年 10 月

目 录

致　谢

感谢我的母亲吉纳维芙(Genevieve)。我希望证明她的投入是明智的,即在我上 10 年级时她终于开始重视我,每月资助我购买去新泽西州纽布伦斯威克大学的火车月票。

感谢我的妻子克莉斯缇娜(Krystyna)和儿子埃利奥特·詹姆斯(Elliott James)。在我为这本书努力积累经验素材的过程中,他们愿意放弃生日以及其他特殊的场合。尽管我很愿意承诺将来不会再错过这些隆重的日子,但以往的那些承诺似乎预示着下一个"胜利的机会"。

"金机长,我们在飞行中可能会撞到鸟。如果我被撞击并失去了意识,我希望你能摇摇我。如果我没有反应,那就将飞机开往无人居住的区域并拉动手柄。别担心,上帝会照顾我的。"

——一位资深飞行员在 T-37"福利"航班开通典礼上对作者说的话

前　言

　　虽然本项工作的基本原理已在第一章中梳理出来了，但这些致谢可以帮助读者了解一些关于本书的由来。在性格形成的关键时期，自学成才的机械师祖父是我的监护人。他不仅在旧轮胎上刻新花纹（在那时是合法的），甚至还设计制作了所需要的相关工具。他常常给我上课，并告诉我，我们所拥有的最有用的工具就是自己的双手，因为它们有着近乎无限的灵巧性。虽然那时我大概只有 7 岁，他讲的这一课却并没有被我遗忘。更早些时候，我的外祖母曾试图说服我不要盯着一杯我拿不动的液体看。那时的我既不理解，也无法被"操作导致振荡"的概念说服。我的母亲和我的外祖母一样，都是服务员。她一直教我从那些她端的又重又热的盘子里学到关于人为因素的经验。她甚至教会我如何不用托盘，一次端 4 个这样的盘子（这个技能让我在沙拉吧和自助餐厅非常受用）。我哥哥约翰·丹尼斯·金（John Dennis King）对我的影响深远，犹如水之于鱼。作为哥哥，他教会我在一个由强者统治的世界里如何做一个谦卑的观察者。

　　在刚踏上工作岗位之前，我非常热衷于向身边的听众列举我在美国空军的工作经历所带来的益处。然而，我谈论的重点却因吉恩·内贝尔（Gene Nebel）的一番话而有了重大改变。他说："雷，你提到了所有美国空军能够带给你的，但你能为美国空军做些什么呢？"带着这些萦绕在我耳边的话语，我开始了自己的职业生涯。

不久我便被招募为一支杰出部队里的继任心理学家。和经历丰富的G. 克雷斯·洛奇里奇(G. Kress Lochridge)(现已去世/病故)一起,在位于德克萨斯州的谢帕德空军基地(威奇托福尔斯)从事晕机病项目的研究。他教导我在对飞行员的治疗过程中,应积极主动并将安全置于首位。亚历克西斯·埃尔南德斯(Alexis Hernandez)则把他所知道的全部与我分享,并将在我之前的心理学家所研发的材料全部给了我。在遇到了我未来的妻子——一个左利手的女性后,我生活中的一切都渐渐朝"错误"的方向发展(例如,咖啡壶手柄朝向相反方向)。此后不久,我开始和左利手飞行员兼心理学家沃尔特·赛普斯(Walt Sipes)一起共进午餐。他对座位一直都很在意(偏好坐在左手可自由活动的桌角一侧)。不过,直到我的儿子埃利奥特(Elliott)出生后,在我利用"空闲"时间去勘察我们的房子,为他可能触及的所有东西安装防护装置时,我才真正理解什么是功能可见性(affordances)。

　　约翰·帕特森(John Patterson)和我分享了他的面试技能,并教我如何讲课(我一直都在磨炼这个技能)。大卫·R. 琼斯(David R. Jones)导师对我的帮助很大,他总是为我腾出时间,但从不干涉我的私事。迪克·希克曼(Dick Hickman)、迪克·琼斯(Dick Jones)、特里·里昂(Terry Lyons)、肯·克里福德(Ken Gliffort)、赫尔迈厄尼(Herminio Cuervo)、弗兰克·卡朋特(Frank Carpenter)、比尔·朱尔(Bill Drew)和乔·伯顿(Joe Burton)等人都在驯化我野性的方面帮助了我。另一方面,道格·伊凡(Doug Ivan)是我无畏的声援者,他教我认识到为信仰而奋斗的价值。同时,克莉丝·弗林(Chris Flynn)展示了实证研究的作用,尤其是在研究有资助的情况下。我仍记得曾经问过克莉丝,为何做研究需要有资金来源? 事实证明,克莉丝在任何时候都是一个好老板(首先,她是个好同事)和一位长久的朋友。乔·卡利斯特(Joe Callister)和保罗·雷茨拉夫(Paul Retzlaff)的团队向我展现了"众人拾柴火焰高"的含义。罗伊·马什(Roy Marsh)尽管和我们不在同一地区工作,却为我们的后续工作提供了支持。加里·松巴(Gary Saboe)一直鼓励我从事研究和写作。

　　汤米·丘奇(Tommie Church)和穆尔·莱柏瑞希特(Murl Leibrect)

在我作为一名航空心理学家的持续发展上给予了极大的鼓励和帮助。来自奥斯汀德克萨斯大学的鲍勃·海姆里奇(Bob Helmreich)和约翰·威廉(John Wilhem)十分和蔼,在我尝试从病理学转向飞行员人体功效学这个更常见的领域时,他们会从百忙中抽出时间帮助我。

在讲述第一章的故事前,我想感谢肯·博夫(Ken Boff)。他帮助我从德克萨斯布鲁克斯空军基地的艾林逊航空航天医药咨询服务部门(Ellingson Aerospace Medicine Consultation Service)调到俄亥俄州莱特-帕特森空军基地的费茨人体工程学部门(Fitts Human Engineering Division)工作。在那个令人兴奋的部门里,我所受到的影响为我提供了无价的学习经验。这些影响包括我有幸与博夫博士的继任者亨克·鲁克(Henk Ruck)交往,以及与鲍勃·埃格尔斯顿(Bob Eggleston)和迈克·麦克尼斯(Mike McNeese)极具启发性的谈话。本书的灵感来自我在鲁克博士的帮助下所准备的一次演讲,并帮助我完成了这次演讲。同样,空军研究实验室以及莱特州立大学的辛迪·多明格斯(Cindy Dominguez)、迈克·维都里奇(Mike Vidulich)和约翰·弗拉赫(John Flach)都慷慨地与我分享了有关人为因素的大量知识。贝基·格林(Becky Green)在我寻求培训和出版的帮助时一直施予援手,我亏欠她很多。

凯利·格林(Kelly Green)和莱特(Wright)兄弟安全组织协会真正让我觉得,我的航空心理学专业背景令半数以上的人产生了浓厚兴趣。我还想感谢厄菲·墨菲(Ephi Morphew)和所有的同事,他们都是极境人类行为学协会的成员。这个协会虽小,却集结了各类专业人才;这个协会为我们这些试图帮助他人拓展行为能力的人提供了一个很棒的研究平台。我的同事乔伊斯·阿德金斯(Joyce Adkins)很耐心,一直协助我将大量临床经验纳入更为广阔的组织健康体系中。

本书的开头略显冗长,其宗旨是向那些为本书的付梓做出贡献的人们表示感谢。每个人都为之付出了很多,但若本书有任何不足之处,我只将其归咎于我个人。欢迎通过邮箱 SkyKing321@aol.com 和我保持联系,并告知我本书是否达到预定目标。最后,同样重要的是,我希望能向我有幸服务过的飞行员勇士们致谢。

斜体文字插入的案例重构了飞行员们如何与危险环境抗争的细节。虽然这些案例没有以标准化的形式呈现，但每个案例都包含提出的问题、采用的方法，重点放在航空医学专业处理方法。后续的案例则需要读者设计构思一个方案，以阐明在读者所处的国家及工作场所强制执行标准惯例时，其实并不存在单一的理想解决方案。《诊断与统计手册》中多样性重复的精神病学诊断之所以未被列入本书中，主要包括以下几个原因：不同版本间（尤其是关于酗酒和依赖性内容）存在一定的差异，且本书中呈现的案例在 DSM－Ⅲ、DSM－ⅢR、DSM－Ⅳ部分都有出现。此外，针对案例的航空医学诊断通常更依赖于飞行员接受诊断期间管理机构所实施的规章制度。

本书内容仅为作者个人观点，不反映美国空军或美国国防部的政策。

1 这本书是否必不可少

什么是"航空航天临床心理学"？它与临床心理学有什么不同？为什么航空航天领域需要临床心理学家的参与？这一提法是否仅仅是一种引人注目的矛盾修辞？

操作性定义

航空航天临床心理学旨在将心理学应用于航空和极端环境下的高危高压职业。一般在单位或组织层面提供相应服务，但也可以为个体及其家庭成员量身打造干预方案。

现状

飞行训练和飞行都是高危活动，对复杂飞行体系内的几乎所有人员——不论是飞行员还是其他工作人员（如维护人员、空管人员、主管者、协调人员）——要求都很高。临床心理学主要关注的是在不同条件下个体的差异及其表现。我们现在所处的时代被称为"焦虑时代"，这一点在差错零容忍的航空领域尤为明显。应激和暴露于危险之中是航空业日常工作的常态。结合临床心理学家、航医和人为因素研究者三方的智慧可以提高飞行的安全性及效率。

了解大部分飞行员的优势和劣势是为飞行员群体(受到极端挑战又具有超凡的坚韧性)提供心理服务的有效途径,因为当出现问题时,他们会有大致相同的应对方式。然而,弗兰克·杜利(Frank Dully)博士曾委婉地描述过有关飞行员的传闻,包括他们与情感生活脱节、不善反省、很少或缺乏应对失败的机制。如果这种描述是准确的,其风险就在于这些所谓的"缺陷飞行员"将会受许多问题的困扰,如不遵医嘱、与伴侣争吵、将情绪冲突转化为身体问题,以及向航医提出一些模糊的疾病主诉。所以,在航医开出价值数万美元的检查项目前,最好了解这些人是如何处理问题的。

这里提到的伙伴关系目前处于怎样的状态呢?从临床世界转移到人为因素领域的感觉,就如同一个人类学家沉浸在不同的文化中。人为因素研究者包括研究生态的心理学家、认知工程师,最令人困惑的是,这两者的工作是交叉的。早些时候我的新工作伙伴试图向我介绍认知系统工程学:"我们查看每种情况的前后关系,并将其作为一个整体进行评估。"我回答说:"这正如临床工作。"后来,我认识到"知识启发"类似于临床会谈,但是没有,也没必要去努力共情。换言之,临床心理学家的技能与人为因素研究者的探查技巧非常接近。但是我需要学习全新的专业词汇,尤其当我的老板不断批评我的一位雇员(当然,是间接地批评我!)处在"开放环"状态时。"开放环"听起来是一种正面的态度,但后来我才知道(在我们数不清的关闭网站中的一次),"开放环"不允许矫正性反馈。与此相反,"封闭环"意味着可自我矫正(或换言之,在这种情况下老板被不断告知正在发生什么)。

尽管一开始感到不安,但临床训练和飞行经历的价值在我的工作中逐渐显现。主要表现在心理学家对航空安全性(防止事故再次发生)和飞行事故调查委员会的贡献(保护证据)。附近医学中心的临床心理学住院医师以他们高超的生物反馈技术让模拟沉浸式研究环境(synthetic immersion research environment,SIRE)研究所的工作人员感到吃惊。SIRE 研究人员努力训练操作员的自我协调技能,这与临床心理医生训练病人非常类似。

"人为因素"被看作是航空训练资源消耗和航空灾难的罪魁祸首,因此,它是人员和飞行资源损失的重要原因。心理健康咨询师一定会被告诫(有时是被温和地提醒)航医才是整体情况的责任人,只有航医能出于医学原因让飞行员停止飞行[可担负除飞行外的其他任务(duties not including flying,DNIF)]。心理健康咨询师只能在航医办公室给予飞行员咨询服务,并且要让航医随时了解飞行员的心理健康情况。缺乏自主权有时会令心理学家在工作时无法得心应手,究其原因,主要还是心理学在健康管理中还没有得到广泛认可,角色定位也不明确。然而,心理学家可能是唯一可以为理解"人为因素"做出贡献的人,也能帮助建立行之有效的"个人—单位"需求的平衡。航医和心理健康咨询师之间最有成效的关系通常建立于紧急情况发生之前。换言之,当航医知晓心理卫生能够(或无法)提供的服务并与心理健康机构建立了稳固的工作关系后,才能够实现最佳转诊。除了满足病人的即时需求,心理健康咨询师还可以在航医的鼓励和指导下成为优秀的安全守护者。

空勤人员资源管理的局限性

尽管对机组人员资源管理(crew resource management,CRM)的要素进行深入讨论超出了本书范围,但是对"失败飞行员"(指不能充分应对的飞行员)概念的了解则有助于管理者和临床医生更好地理解为什么CRM有时候看起来不起作用。尽管飞行员判断能力差不是实施心理卫生诊断的必要条件,但有些飞行员似乎并不理解这一点,从而做出正确判断。他们有能力通过CRM培训(配合并毕业),但是不能将学到的理论应用到实际飞行操作中。这种飞行员可能经历处境性失败,因为生活压力的增加、长期处于"搞不定"的失败状态,事故就容易发生。"飞行技术"的概念是一个重要的评估领域,它包括飞行员的判断、飞行纪律和遵守安全规范的行为。有经验的飞行员和航医通常采用这个测试:"我愿意与这个人飞行吗?"尽管CRM训练所教授的沟通技巧可以改变态度,但没有任何CRM训练可以改变人格特质,尤其是不良特质。临床医生竞技场的一个互动可能很说明问题：一名混迹街头、因精神疾病住院的青少年当面被要求做"我"字句叙述测验，让他谈情感以促使他承认自己的情绪，同时也为这个治疗群体中的其他人提供更多的帮助。他迅速做出反应："好，我恨你。"尽管他的反应是按要求形式做的，但提供的信息却完全与预期相反。同样，对于那些把语言作为武器或把每一次明显有胜负的社交互动看得毫无收获的个体，给他们传授 CRM 技能显然无法达到提高安全系数并完成任务的目的。这类人可能是发现和暴露别人错误的"大师"，但是对于自己的错误却丝毫不敏感。有一次在长途商业飞行过程中我很幸运地与一位潜艇艇员坐在一起（或许他觉得自己很不幸运地坐在一位喜欢说话的心理学家旁边），使我有机会问他在长时间的任务中如何应付不合作、令人不愉快的艇员。他说："这种人通常将自己锁在储藏间，里面的罐头几乎将他们盖住。"尽管这种行为调整方式不会受到正式的处罚，但能清楚表明潜艇员们适应所处环境的能力不同。

展望

无人驾驶飞机和先进的航天飞机都给操作者的心理带来了前所未有的挑战。心理学专家们有责任帮助飞行员和政策制定者，使操作者能够适应快速变化。随着针对单个机身和单次飞行任务的资金投入不断加大，我们必须对操作人员有更为全面的了解，无论是对飞行员还是对虚拟实境下的操作者。

复杂的系统需要选拔和训练等研究的支持，以确保未来操作者能熟练运用高新技术。考虑到其他一些变化因素，这些领域显得更为重要。这些因素包括：无人航空飞行器、更少的飞行员和飞行器去完成的任务、更多的女性飞行人员、国际间合作的增加、复杂系统对协同的需求，以及不断变化的威胁等。

今日和明日的合格系统操作员可能完全不同于昔日的巡回表演者和有一技之能者，特别是军事航空已经从过去的混战对决到现代的多成员、高度协同的作战。由于复杂性的不断增加，未来的军事和空间操作将会高度依赖团队功能。

飞行,尤其是军事飞行逐渐演化为人际间的共同努力。有助于飞行成功的心理学因素研究,将会使研究者选择在心理和认知上最适合的人,而不是仅仅淘汰不适合者。需求从个体优异快速转向团体优异,这就不仅仅是一个团队所有成员特点的叠加问题了,即使个体在单独的活动中表现优异,也可能在对人际需求高的情境下失败。空间探索可以作为一个有用的模型。由于延伸的空间探索任务和日益增强的空间探索人际本质,加上扩展的多文化背景,选拔人际沟通能力强的个体变得至关重要。太空项目评估者思考的一个基本问题是:"我能否与他在 6 个月的时间里共用一个卫生间?"

美国空军飞行员和来自其他军种和国家的飞行员选拔都基于仪器,测试重点放在一般性智力测试上(Carretta,Retzlaff,Callister,and King,1998)。特殊项目通常需要附加选拔方法,如心理测验和结构化面试。另外,有关健康的精神病学标准代表着一种心灵现象,它服从于涉及特殊环境的适应性心理学模型。

未来的空军队伍中必然会有更多女性,她们将与男性飞行员在同一水平上竞争,也可能驾驶各类机型。未来的操作者将会面对不断变化的敌人。由于国家及政治组织起起落落,导致战争和战争机器也会不断变化。战斗员的认知能力和人格构成需要随着敌人和技术的变化而做出相应调整。无人飞行器和先进的航天飞行器,以及快速变化的区域性爆发的全球核威胁,给操作者的心理带来独特的挑战,心理专家将被赋予协助飞行员和决策者适应快速变化形势的任务。随着将更多的资金投入到每一架飞机和其执行的任务中,我们也将获得更多关于这个操作者的信息并从中获益,不论这个人是飞行员还是虚拟或现实环境中的操作员。

就男、女飞行员在多国协作任务中的作用而言,未来的研究应该考虑文化差异和文化期望。一个集体的性别、文化构成及其承担的任务可能会影响空勤人员之间的协作、飞行编队的关系、任务效能及飞行安全。

选拔：一名在临床方面训练有素的心理学家能做些什么

选拔与淘汰

令我们国际盟友惊奇的是，临床心理学家并不直接参与美国空军飞行员的选拔，但是行为科学家参与美国空军问题研究并提供实践性服务却已有很长的历史。这些服务实践性很强，以至于在撰写本文的时候，选拔在新组建的美国空军研究实验室还没有一席之地，因为实验室领导更多地把选拔看作一次服务，而非科学研究。

不同于以研究为导向的同行们，那些以临床为导向的心理学家能为飞行员选拔做些什么呢？美国空军的航医在预选飞行员的初始体检时，要求进行一项半结构式访谈，即军事航空适应性评价（adaptability rating for military aeronautics，ARMR），其目的是评价应征对象的飞行动机和进行有限的生平资料筛选。航医直截了当地询问"飞行的吸引力"问题（为什么想当飞行员？），以此判断哪些应征者不适合飞行（Miller & Jone，1984）。但是军事航空适应性评价的使用并不一致，航医们对它也不满意（Verdone，Sipes，& Miles，1993）。对于一名受训过的（空军称为"额定的"，海军称为"委派的"）飞行员是否适合返回飞行岗位，Adam 和 Jones（1987）认为面对这些身强体健、戒备心强的群体，最好的方法是采用专业性的面谈来评估一些非常敏感的问题。Adam 和 Jones 解释说，接受地面训练的飞行员通常很聪明且善于表达，渴望恢复空中飞行，但同时他们很难做到心态平和及内省，因而容易出现精神焦虑。

目前负责评估飞行员的是美国空军和其他临床心理学家，在对飞行员进行评估时常采用标准化的人格测试，如明尼苏达多项人格测试 2（minnesota multiphasic personality inventory - 2，MMPI - 2）。这些测试采用的是对一般群体的规范化测试，有几项研究（Ashman & Telfer, 1983；Picano, 1991；Retzlaff & Gibertini, 1987）表明飞行员群体与普通大众并不相同。基于此原因，有经验的航空心理学家在可能的情况下会尽量采用基于飞行员的量表常模。但由于心理测试很少能收集到大量有代表性的飞行员样本，所以建立合适的飞行员常模并不容易。

美国空军在用心理测验测试飞行人员是否适合恢复飞行时，通常的做法是对这些医学鉴定人员的心理测试结果与阿波罗项目中制订的MMPI 常模（Fine & Hartman, 1968）进行比较。其他的心理测试常模应用到飞行人员群体可能会产生问题，因为根据心理测试结果判断，飞行人员常会被归类为人格障碍群体（King, 1994）。因此，这类测试一般不被采用，即使采用也应慎之又慎。

基于神经精神病学的增强型飞行筛查表

增强飞行筛查项目是为了帮助降低美国空军大学生飞行员训练（undergraduate pilot training，UPT）的淘汰率而临时设立的。神经精神病学增强飞行筛查表［（neuropsychiatrically enhanced flight screening，N - EFS）；King & Flynn, 1995］项目是应美国空军军医处长要求而编制，旨在筛查可能会因身体原因而退出的飞行员。由于目前的心理学常模不适用于该鉴别任务，因此需要对相关心理指标基线值展开研究。N - EFS项目得以开展的另一动力是司令官希望鉴别出谁可以成为最好的飞行员。现在所有的美国空军飞行员训练候选人都要先去德克萨斯Hondo 和科罗拉多 Springs 的美国空军研究所完成该项测试。

N - EFS 于 1994 年编制完成，主要采集智力（采用多维能力成套测试,MAB;Jackson,1984)和认知功能(采用 CogScreen;Kay,1995)的基础值,用来比较将来如果空勤人员头部损伤后是否需要一个医疗豁免的标准。有些飞行员在未来工作中会遭受头部外伤,进而影响其职业发展。飞行员的工作环境复杂而严酷,他们在神经损伤治愈后需要进行稳妥的评估。因此,伤后恢复飞行需要医学评估,包括神经精神病学测评。但是由于缺乏伤前的神经精神病学数据,伤后功能评估的准确度将会受到影响。智力和认知功能的基线数据为判断飞行员是否能够恢复飞行提供了科学基础。

多维能力成套测试(multidimensional aptitude battery,MAB)

言语智力——晶体智力(文化互动中发展的智力)

- *信息*:知识面,长时记忆。
- *理解*:评价社会行为的能力。
- *算术*:推理和解决问题的能力。
- *相似性*:灵活性,对新异刺激的修正,抽象思维能力,长时记忆。
- *词汇*:对信息的开放性,存储能力,对以前学习过的词汇和概念的分类、提取能力。

操作智力——"流体"能力(不受限于教育和经验,学习和解决问题的能力)

- *数字符号*:对一组新要求的适应能力,学习编码,完成视觉-运动任务。
- *图片填充*:对图片中缺失的重要元素的辨识,对常见物品的认知。
- *空间*:对不同位置抽象物体的成像能力。
- *图片排列*:对意义序列的识别能力,社会智力和对其他人行为的洞察力。
- *物品组装*:视觉想象能力,知觉分析能力,能识别从左到右排列的有意义的物体。

综合智力——综合才能（对所有子测试的汇集）

注意：智力分是标准化分数，均数为 100，标准差为 15。

以团体形式接受 N-EFS 测试的学生在智力评估中的得分处于较高的范围内，但是个体差异很大（低分和高分均有）。飞行员候选人在智力功能上的得分变异大，这一事实说明基础值的收集对优化将来伤后是否停飞的决定非常重要。这些测评可以用来将飞行员伤后的功能与其开始训练时的基础值进行比较。人格测验结果表明，男、女飞行学员之间的差别很小，但外向性高是他们非常突出的特点，男飞行员尤其如此（King & Flynn，1995）。对没有基础数据的飞行员进行评估是个挑战，下面以一个假设的案例来说明。

案例

甘普（Gump）先生，一位体格健壮、行动敏捷的飞行员，受到轻/中度脑外伤。接受神经心理测评时，他的总智商得分是 95。推测该结果与其基础值（没有测试）偏离较大（飞行员智商平均值是 120.06，标准差是 6.72；Carretta，Retzlaff，Callister，and King，1998），心理学家建议他继续进行医学治疗。

很有可能，该受鉴定者的认知功能并没有因外伤而受损，而是一位智商在正常范围内的成功飞行员。我们需要将飞行员与他们自身基础值进行比较。尽管很少有成功飞行员的智商仅在"正常范围"* 内（90～110；King & Flynn，1995），但我们最好了解每个飞行员的智商基础值信息，这样才能进行特异性的而不是非特异性的评估。

（* "正常范围"基于一般人群的常模；Jackson，1984）

> **案例**
>
> 　　某医生就一位60多岁直升机驾驶员的情况向心理学家寻求帮助。令该飞行员的上级担忧的是,该飞行员最近多次出现工作疏忽,不止一次差点造成悲剧性后果,但他仍能成功通过飞行测试,并完成日常飞行。航医把他送到当地的一位心理学家那里。心理学家并不主张这样做,原因是该飞行员不应与跟他同年龄段的人比较,否则他的微小损伤很容易被忽视;相反,建议将他送到第三方机构,因为那里至少有基准评估,能检查任何精神方面的问题。

　　心理学数据也可以用来改善飞行员选拔过程,从而减少费用支出。因此,N－EFS也可在飞行员选拔和岗位分配中被有效使用,如 MAB、CogScreen、修订版 NEO 人格测试(revised NEO－personality inventory,NEO－PI－R;Costa and McCrae,1992)和阿姆斯特朗实验室飞行员人格测试(Armstrong laboratory aviator personality survey, ALAPS;Retzlaff,callister,and King,1997)。UPT 候选人可自由选择是否参加该项目测试。

EFS 测试中神经精神病学部分的目标

- 收集基础数据(医学——必选)。
- 建立飞行员常模(研究——可选,需要知情同意书)。

测试要素

- 智力(医学的)。
- 认知技能(医学的)。
- 人格特点(研究)——包括完成 NEO－PI－R 和 ALAPS。

　　NEO－PI－R 测试用来测量一般的人格特质。它由 240 个问题组成,选项 1～5 分别代表"完全不同意""不同意""中立""同意""完全同意"。NEO－PI－R 结果提供 5 个分数。

NEO‑PI‑R

- 神经质(neuroticism，N)：情绪稳定程度。
- 外向性(extraversion，E)：社交、自信和活动性。
- 开放性(openness to experience，O)：想象、美感、对内在情感的重视、对多样性的喜好、好奇心和独立判断。
- 宜人性(agreeableness，A)：利他、同情和助人。
- 尽责性(conscientiousness，C)：自控、果断。

ALAPS

为了提供面向空勤人员的测试工具，我们开发了 ALAPS,以便测试飞行员特殊的人格特质。我们确定需要测试的特殊领域,并编制了大量相应的项目库。原始分可以转化为均分为 50、标准差为 10 的标准 T 分。

ALAPS

人格量表

- *自信(confidence，CO)*：高分者认为自己高度有能力、智慧和有潜能。这一趋向也可能包括负面的自大、操控欲和傲慢。临床上这些特质提示可能存在自恋。
- *社交(socialness，SO)*：高分者非常外向和喜欢交往。他们乐于并享受与他人交往。认为自己友好、迷人。临床上这些特质可能包含表演性人格缺陷成分。
- *强势(aggressiveness，AG)*：高分者可自信到好斗的程度。强势、无法容忍批评。在语言和情绪上咄咄逼人。这些特质可能还没达到反社会人格障碍的标准。
- *秩序(orderliness，ORD)*：高分者对自己行为和环境秩序要求高。生活安排有序、一尘不染,做事系统、律己。临床上,这一倾向可能发展为强迫型人格障碍。

- *消极(negativity，NE)*：高分者易怒、消极并且愤世嫉俗。有自虐倾向，不喜欢与人交往。临床上这些特质可能已达到消极或被动攻击型人格障碍标准。

心理病理学量表

- *情绪不稳(affective lability，AF)*：高分者一般容易情绪化、反应性强；容易产生情境性的焦虑、抑郁和害怕。心境在很小的刺激下也会很快发生变化。情绪易于波动。

- *焦虑(anxiety，AN)*：高分者往往长期焦虑，过多担忧。焦虑影响他们的生活和工作。

- *抑郁(depression，DE)*：高分者表现为情绪低落。问题包括烦躁不安的情绪反应和认知性和生理性症状。他们认为自己悲观、不幸福和有负罪感。严重者可发展为临床上的重型抑郁。

- *酗酒(alcohol abuse，AL)*：高分者喜欢饮酒，饮大量的酒，进而发生酒精中毒。引起自身功能受损，这些可以导致产生社会或职业问题。

空勤人际量表

- *顺从*：高分者即使对错误也顺从。他们谦恭、安静，专注于自己的工作而不会质疑现状。

- *教条主义*：高分者相信自己总是正确的，抗拒改变。人际交往中以权威者自居，无法容忍他人以及他人的想法和行为。

- *冲动*：高分者先行动后思考，经常没有事前思考就说话、办事。他们把自己看作是"不由自主的"。

- *组织性*：高分者有组织和系统性，协调、计划项目的每个成分。对事情的各个方面都思考透彻。

- *冒险*：高分者喜欢危险和风险。不畏惧新活动、新情况。他们冒险、无所畏惧和追求乐趣。他们的行动并不一定是冲动的，反而可能是精心计划的，可能面临的危险也经过了充分评估的。

- *团队精神*：高分者喜欢并充分信任团队工作，看重团体努力和团队成绩。不喜欢单独工作，如果单独工作效率可能会下降。

以往成就

早在美国空军建立前，对较好的选拔和筛选方法的需求就已经存在（战争部，1940）。从众多水平高、成绩好的申请者中选拔飞行员是一项困难的任务。排除标准即按照精神病学诊断排除（不健康的）申请者，其结果是只能从大量的应征者中淘汰很少的人，并不能说明谁是最合格或最合适的申请者。选入（select-in）方法只能决定谁最适合从事有挑战性的任务，并不能从心理病理学角度进行筛选。过去，对那些成功飞行员以及其他专业人员，特别是空中飞行时需要高度合作的机组人员的心理测量数据很有限。NEO‐PI‐R测量按人格功能的正常范围，既可以作为入选标准判断职业适合性，也可以作为排除标准判断人格健康状况。NEO‐PI（NEO‐PI‐R修订前的版本）曾被用于研究，至少部分作为1989选择周期的入选工具（Santy，1994）。在笔者参加的1991/1992 NASA航天员选拔期间并没有使用NEO‐PI，而是使用了标准的排除工具，如MAB、MMPI（现在修订为MMPI‐2）、Millon临床多轴问卷Ⅱ（Millon clinical multiaxial inventory‐Ⅱ，MCMI‐Ⅱ）、Forer句子填充技术、家族史问卷和结构化临床面谈，以此来判断申请者是否有导致其不合格的精神病诊断。其他行为科学家为了对"选入"作研究，采用个人特质问卷（personal characteristics inventory，PCI；Chidester Helmreich，Gregorich，and Geis，1991）邀请NASA航天员申请者自愿接受测试，这一测试与有效资源管理的判断力与潜力有关。1994年NASA航天员选拔周期将NEO‐PI‐R作为排除工具，取代MCMI‐Ⅱ，因为有研究（King，1994）显示后者对应征者，特别是落选者，有夸大心理疾病的倾向。我们的工作主要是对申请者是否存在不符合工作要求的精神疾病做出判断。其他的行为科学家（精神病学家/心理学家）邀请申请者自愿参与PCI测试作为选入研究。所有的申请者在临床测试（选出）和临床访谈后约15分钟得到反馈。考虑到国际空间站长时间任务的心理需求，后来的选拔工作采用了选入/选出相结合的评估方式。

以前的军事飞行训练研究一般将完成训练作为成功的标准,而不是根据实际任务的准备工作做出判断。这种短期研究常常受到"蜜月效应"的困扰,学员希望被看作是最好的,因而短期内将其操作水平维持在高水准(Heimreich,Sauin,and Carsrud,1986)。尽管许多测试可以辨别谁能(能力)完成飞行训练,但关于谁愿意(动机)完成飞行训练并成为一名卓越飞行员的资料却很少。

从传统意义上来说,飞行训练成功的一个预测因素是此前的飞行时间。然而,该价值可能仅反映出飞行员过去的飞行动机。换言之,主动寻求飞行训练说明其坚持飞行的动机良好。许多航天员申请者似乎有一定的飞行时间,但往往是在面试前几个月匆忙累积的。因此足够的飞行时间积累是可靠飞行动机的良好指标。

女(男)性飞行员的横断面研究

对飞行员的心理能力判断是非常复杂的,尤其当我们在对男性飞行员所知甚少的情况下,再以此推断女性飞行员时难度更大。美国废除了战争排除规定,因此美国空军现在正式允许女性参与空战。由美国国会拨款支持的保护女性健康研究计划(defence women's health research program,DWHRP),使研究者得以研究女性服役的需求。由 DWHRP 支持的"飞行人员的心理因素测评(assessment of psychological factors in aviators,APFA)"主要研究现役成功飞行员的心理因素。APFA 并不包括为数不多的女性战斗机飞行员。许多研究对象称,他们在波斯湾战争中曾在敌方战火中飞行,但他们没有机会再重返战场。另外,他们并不是心平气和地坐在弹射椅中,而是与几千磅燃油一起飞行,并为其他飞行器加油。与 N-EFS 的纵向研究不同,APFA 是横断面研究。与 N-EFS 另一点不同的是,我们在 APFA 项目中也采用半结构化访谈方式。

美军空军飞行项目对女性开放始于 1973 年。1975 年 10 月 7 日美国总统福特为女性进入军官学校扫清了障碍。美国空军训练女性飞行员和领航员开始于 1976 年,1979 年开始女性可以成为海军飞行指挥官。

1993 年国防部废除战争排除规定，为女性进入空战领域扫清了障碍。

随着女性军事飞行员人数的增加，美国空军认为了解不同性别之间的心理和精神病理差异非常重要。故采用 NEO 五因素问卷（NEO-FFI）将女性飞行员与男性飞行员和女性对照组进行比较研究，NEO-FFI 与 NEO－PI－R 接近，测量人格功能的正常范围，但是更简短，只有 60 项，分别评估 5 项特质，即精神性、外向性、开放性、宜人性和尽责性，但没有更详细的层面。

进入驾驶舱的女性飞行员可能会有不同的人格特质，了解这些差异无论从医学上还是操作层面上都很重要。我们从美国空军飞行中队非临床指定的志愿飞行员中收集数据，目的是制订男、女性飞行员的心理测试常模。

目前美国空军女性飞行员的选拔方式是从男性飞行员的选拔方式中发展而来（Siem,1990）。"合格资质"模式结构（Wolfe,1980）基于男性飞行员模式结构。那么女性飞行员是否会将不同的才智、技能和人格特质带进驾驶座舱呢？ APFA 从美国空军飞行中队飞行员志愿者中收集数据。114 名（女性 50 名，男性 64 名）刚接受飞行任务的合格飞行员接受了 MAB 测试。该测试在前面的图表中已描述过，设 10 项 7 分钟的测试题，以多项选择题的题型呈现。阿姆斯特朗实验室将测试存入计算机后实行电脑化管理；这等同于笔试，效果非常好（Retzlaff，King，and Callister,1995a）。

APFA 志愿者的 MAB 测验结果显示，在智力技能上男女性别间没有显著差异，而人格特质方面女性飞行员在外向性、宜人性和尽责性方面得分更高（King，McGlohn，and Retzlaff,1997）。根据现代军事操作的需要，拥有这些特质的人可能极适合成为空军飞行员。

尽管一般人群中存在智力方面的性别差异（Haipern,1992），但男、女性飞行员之间这种差异并不存在，其原因可能是选择（自我选择和军事人员选拔）和分配的作用。相反，这些女性飞行员看起来具备更多的积极人格特质。Lyons(1991)注意到所有飞行员都有自己独特的心理学档案，女性飞行员候选者并不是一般人群的代表样本。因此，决定女性飞行员进行飞行的心理能力非常复杂。另外,Jones(1983)提醒航医一些特别的挑战,比如女性飞行员有可能被男同事安排承担不太合适的角色。

访谈中大部分男性飞行员表达了在战斗中倾向于保护女性的担忧。女性受访者则担心她们可能会被利用去剥削男性战友,这样就会引发严重的训练问题(McGkohn,King,Butler,and Retzlaff,1997)。

进一步研究的方向包括直接将飞行训练申请者和候选人与现行飞行员进行比较,以解决飞行人员的"先天"与"后天"之争。也需要进一步澄清飞行训练是否使女性变得男性化,或者女性是否会自我选择进行飞行训练。

3 飞行员人格之"谜"

合格资质/资格

军事飞行员应具备神话般的"合格资质",包括自信、坚定以及较强的竞争力。典型的世俗印象是所有的军事飞行员都具有单一的人格类型。但是这一观念只适用于好莱坞电影,而非真正的科学。

飞行员人格特质研究有一段漫长且充满争议的历史。心理学家在一战期间首次对飞行员进行人格特质测试,即使在那时对于"什么是飞行员最重要的人格特质"的争议也很大。比如 Rippon 和 Manuel(1918)认为理想的飞行员应该斗志昂扬、无忧无虑,而 3 年后 Dockeray 和 Isaacs(1921)则认为理想的飞行员应该沉着冷静、有条不紊。直到今天,人们对飞行员的人格特质仍然有很多争议,其主要原因是有充足的证据表明人格测试对初始培训的完成预测力很差(Hunter & Burke,1995);另一方面,相比于预测初始训练的完成度,广泛应用于预测工作能力的实用性更强。比如 Houston(1988)发现人格测试指标是机长对初级军官评级最好的预测因素。另外,初始训练期间进行的人格测试结果可用于预测美国空军飞行员持久人格特质(Retzlaff,King,and Callister,1995b)。

尽管对"正常"人格特质与飞行员工作表现之间的关系争议颇多,但对不受欢迎的"异常"人格特质几乎没有争议。高度焦虑、敌意、冲动性特质的人不应控制飞行器。在美国空军中,人格障碍并没有被视为医学上的不合格,但是当人格特质被判断为会严重损害军事任务表现时,将会采取行政分离措施。

飞行员样本本身似乎就存在差异,而且并非所有飞行员都属于同一种人格类型。Retzlaff 和 Gibertini(1987)发现美国空军飞行学员中有 3 种不同的人格类型,只有其中一种看起来与"是块好料"的说法一致。同样,Picano(1991)研究了美国空军飞行员后,认为没有一个所谓的成功飞行员人格维度。Picano 发现经验丰富的飞行员主要分布在 3 类人格特质群体中,其样本中只有 16% 的人是"好料"。最多的类型是以成就为取向、有主见和有亲和力的,会采用实际方法去解决问题。该类人一般头脑清醒、重视与长官和同事的友情。另一类人与前者类似,但往往更具主导性、攻击性、好表现及自我夸大。这两组是所谓的"好料"。第 3 类也是最后一类人的特点是谨慎、强迫性和社交畏缩。该类人表现为最低的社交亲和力或以成就为导向。以上 3 类人格特质群体都没有明确显示哪一类群体在军事飞行中更容易成功或失败。

这些研究和其他心理测量资料都无一例外是以男性飞行员为研究对象。另外,受试者数量往往非常有限,甚至只是基于很小、很特殊的样本量,如战斗机飞行员、试飞员或航天员。关于女性飞行员的数据则更稀缺。

Novello 和 Youssef(1974)发现,相比一般女性对照组而言,普通女性飞行员更接近对应的男性飞行员。具体来讲,他们发现女性飞行员在爱德华人格偏好量表的 16 项测试中有 15 项偏向男性飞行员。Novello 和 Youssef 认为飞行员人格类型是超越性别的。

航空界对飞行员人格的研究兴趣主要与飞行员选拔、训练、表现和安全问题有关,也与心理健康有关。Siem 和 Murray(1994)发现经验丰富的飞行员将五大人格(神经质、外向性、开放性、宜人性、尽责性)中的"尽责性"评定为决定飞行员工作能力的最重要人格特质。因此 Siem 和 Murray 建议进一步开展研究,验证"尽责性"在飞行员人格和表现中的重要性。

有一种说法"你可以命令战斗机飞行员，但不能命令过多！"Tom Wolfe(1980)描述的"合格资质"的飞行员是这样的混合体：他们有毅力、有勇气、反应敏捷，且在传统的逆境中长大。大众媒体以图书、电影等充斥我们的认知，为我们提供了完全不同的飞行员形象。然而，是否只有一种类型的飞行员？任何认为小说和随后的电影《太空先锋》(*The Right Stuff*；Wolfe，1980)仅呈现出一种类型飞行员的人，他们没有特别注意7位墨丘利号宇航员人格特质上的差异。

飞行员人格理论的主要缺点

- 飞行员并不是相互之间的克隆体。记住，"众数"是指"出现频率最高的"。如同雪花结构一样，没有任何两位飞行员是完全相同的。
- 战斗机、试飞机和轻型攻击机飞行员以及航天员常被作为研究的对象，而运输机飞行员、领航员、武器指挥官和航医以及应征飞行人员往往被忽略。大部分情况下，用于某一组人员的信息会被推断到其他组人员的身上，而不考虑这么做的实际合理性。

另外要提醒的是，从事飞行工作的人往往有不同的动机。因此应尽可能去了解飞行员个体，避免先入为主的观念或模式化、千篇一律的描述。

"典型"飞行员

现在让我们看看典型的飞行员是什么样的[基于美国海军退休航医弗兰克•杜利(Frank Dully)的观察]。

典型飞行员的特点

- 飞行员是控制者！不惜一切代价，避免任何不可控因素。在出口和弹射座椅情况不明的状况下不会坐进驾驶舱。控制的概念不仅仅局限于控制飞行器，一切(配偶、孩子、狗、车和房子)都要处在控制之下。如果这位控制者不能控制或至少不能假装能控制，那么他将变得易怒。管控者们痛恨意外，因此他们训练、训练、更多地训练。这就是为什么总是举行"危险信号"演练（实际是战争演习）。这些人计划好他们的自发行为！这些人是如何处理他们的情绪的呢？男性飞行员往往与家里排行老大、控制欲强的女性结婚，埋下其超期服役后回到家庭的麻烦种子。

● 总是与其他人在情感上保持距离。这些人在婚姻关系中难以与配偶形成亲密关系。这就是编造临时任务的原因。男性飞行员经常将"沟通"列为他们婚姻中的不足而需要改进，或者完全意识不到婚姻中有什么问题，因此当妻子（或丈夫）提出离婚时往往大吃一惊。在心理测试中该群体往往在合群方面得高分，而热情方面得低分；他们是有外向倾向的内向性格者。记住，该群体成就高，学习阶段很难培养友谊。该群体通常在大学主修理科或工程专业，很少修文科。

● 飞行员是按部就班、有条不紊的。这些人依赖备忘录和反馈。他们的目标是避免意外，因此很可能表现为缺乏灵活性，甚至有些僵化。

● 飞行员有能力将飞行和无关飞行的事分开，以便他们在合适的时间处理相应的事情。他们是受使命驱使的一个与外界隔离的群体。如果一件事与手头上的任务无关，就忽略它。所以不要奇怪这些人与他们的情感生活脱节。

考虑到上面这些方面，你是否认为飞行员是可以一起度假的有趣的家伙？与飞行员一起工作的专业人员必须意识到，当飞行员技能方面压力过度时的应激期：

● 孩子出生或将要出生（尤其是在疲劳状态下）。

● 婚姻出现问题。

● 严重的个人疾病（不论是否处于停飞状态）。

● 基地关闭和（或）丢掉飞行工作。

● 心理评估转诊。

普通飞行员的特点

- 长子或独生子,或者许多女性飞行员替代儿子的角色或作用。所有最初的 7 名墨丘利号宇航员都是长子。23 名承担空间飞行的宇航员中有 21 名是长子(Reinhart,1970)。如果这位飞行员不是长子,那么他也能发挥长子的作用,因为实际长子存在一些不可接受的先天问题。

- 不论男女,通常与父亲关系亲密(父亲往往自己就是飞行员)。

- 不考虑性别的情况下:

  爱冒险

  有勇气

  技能出众

  有能力

  善于处理复杂任务

  自信并且易于相处

  心理层面欲望小

  渴望自主

  实用的逻辑性

  异性性取向(女性飞行员更像男性飞行员,超过她们像普通女性。
  　但她们的性取向明确是异性的)

  生理和心理都非常健康

  兴趣外向型(宁愿改变环境也不改变自己)

  自给自足

  更喜欢短期目标而不是长期计划

  高成就感

  固执己见

  寻求新奇和责任

  人际交往直截了当

  智商高于常人(飞行员平均智商为 120,在第 90~95 百分位数之

间，较高的级别）

精力充沛

追求完美

总之，飞行满足了他们对成就感、个体进取心、新奇刺激、兴奋和责任感的需求。

我们不能确定飞行员这些个性特质是执行飞行任务时所必需的，还是飞行工作吸引了具有这类特质的人，或者两种因素都起作用。关于飞行员的这些理论或许应用到其他要求严格的职业上也是合适的（尤其是对长子身份的发现）。一名成功的飞行员和一名不太出色的飞行员之间的差异常常很小。即使一名飞行员"失败"了，也有可能是缺少某种心理病理学理论的支撑。

飞行员人格构成的矛盾可能使得"飞行员人格"的观点看起来不那么有效

- 高智商但并非以获取知识为努力的方向。
- 集体活动者但害怕亲密关系，即可能是合群的、外向的，但在现实生活中并不特别热情。泛泛之交很多，几乎没有亲密朋友。
- 外表轻松自在，内心奋发拼搏。

"应对自如的飞行员"与"有缺陷的飞行员"（应对能力较差的飞行员）的比较

应对自如的飞行员

- 能高超地掌控需求。
- A 型性格，有很强的自我驱动力。
- 工作绩效高。
- 无健康问题。
- 好的驾驶决策判断和管理技能（机组资源管理）。
- 自律和良好的判断力。
- 知道自己的优势与不足。知道飞行器的性能并将其发挥至极限。

- 专业,善于与团队合作。

应对较差的飞行员

- 进攻型[*]。
- A 型性格,但冲动/缺乏耐心。
- 工作绩效低。
- 有不明健康问题。
- 作出的决策存在争议,管理能力一般或不够稳定。
- 冲动,缺乏判断力(冒不必要的风险是因为想证明不害怕;对抗恐惧性)。
- 企图生活在由电影编造出来的"技高胆大"飞行员的幻想中,以远超飞机自身性能的方式操控飞机。
- 以自我为中心(只考虑自己)。

最后的危险

飞行员和内科医生之间有很多相似之处(有时他们是同类的人)。因此,存在一种危险,即失去客观性。非飞行员的保健者需要警惕任何"崇拜和模仿"(想成为一名飞行员)的倾向。

有一点不同之处:爱德华个人偏好量表(Edwards personal preference scale,EPPS)得分显示,航医在"乐善性"(照顾别人)方面得高分,而飞行员在"支配性"(坚持自己是领导者)方面得高分。

---

* 有一次,一位明显容易激动的航医听众提出质疑。他说演讲者认为一个有"很强控制需求"的人与一个"进攻型"的人没有区别的说法是因为演讲者不知道自己在说什么。这个演讲者要求了解他们之间的差别。他挑战演讲者,认为事实上没有区别。演讲者解释说:提出有差别的想法是受欢迎的,但要看发问的人是真的想去理解这个问题,还是只是想去羞辱这个演讲者。

信息获取：心理测试、访谈及其他数据收集

心理测试

心理测试是一项使心理学家有别于精神病学家和社会工作者的手段。但令人好奇的是，心理测试是临床心理学家最不喜欢的，因此在一定程度上也是最少被采用的方法之一。对于许多人来说，心理测试是神秘的，也许是近乎神话的。那么，心理测试究竟是什么呢？心理测试只是在标准化条件下的行为抽样，用于预测或推断其他关联性更强的行为。此处的"行为"一词为广义上的概念，包括思想、行为、情绪和人格特质。心理测试结果通常以分数的形式表示，由此可以对不同个体，或同一个体在不同时期的结果进行比较。

在对某个群体进行测试之前，必须先考虑几个因素。首先需要考虑测试是否可靠。换言之，测试相对而言是否不容易出错。一个人在两个独立的测试场景中是否会获得相似的分数（假定在两次测试之间，没有发生学习或其他方面的变化，包括测试本身的体验也没有变）？虽然一个分数可能有几种误差来源，但最大的误差可能与概念不明确或措辞不符相关。下一个要考虑的问题则是测试对这个群体及当下的问题是否有效。一个测试用于某一方面可能有效，对另一方面则可能无效。例如，我们不会用智力测试来衡量公民权。有效性并非一个"全或无"的命题。测试在一种情况下在一定程度上可能是有效的，在另一种情况下有效性则可能下降。一个测试若要被认为是有效的，它的测试量度不仅要有良好的内部表现，而且必须能区分已知身份的受测者。

目前有许多可用于临床的商业现货（commercial-off-the-shelf, COTS）测试，但由于对飞行员群体缺乏相应的常模，通常不推荐使用这些测试（Retzlaff, King, McGlohn, and Callister, 1996）。另一方面，收集某个特定人群的常模是昂贵且耗时的。执业医生一般谨慎使用 COTS 心理测试，避免将飞行员与一般人群中的个体进行比较而造成精神病理学上的过度诊断（King，1994），或漏诊认知障碍。

案例

一位 30 多岁的飞行员由于超负荷工作及听力丧失被转诊给耳鼻咽喉科医师。他无法在驾驶喷气式飞机时保持领先，并出现了无线电呼叫漏听现象，但当被分配到训练机上时，尽管听力损失程度大体保持不变，他却没有遇到任何困难。他通过了"飞行听觉评估"，但被指出在复杂、高要求的飞行条件下会有困难。他被转诊给一位心理学家来评估他的飞行动机，并排除学习障碍或其他神经心理问题。霍尔斯特德-里坦（Halstead-Reitan）神经心理学成套测试并未发现其神经心理方面有任何异常。他在语音感知测试中的表现被评为轻度受损。他的 MMPI-2 描述和其他人格测试结果完全处于正常范围内。依据《精神疾病诊断与统计手册》（第三版-修订版）（DSM-Ⅲ-R），他在诊断性访谈中的表现同样并未显示出任何问题。他的飞行动机测试相对较晚，但显示动机强烈且无冲突。然而，在韦克斯勒成人智力量表（WAIS-R）中，他只达到平均分（与大多数人的分数相比较）。其 WAIS-R 的各子测试得分并无差异，表示他的各项能力发展大体均衡。看来相较于更快的喷气式飞机，他的听力缺陷使他更适合驾驶舱训练的工作环境。

疲劳评估

如前文所述，ALAPS 测量的是特质因素。持续操作评估概要（sustained operations assessment profile, SOAP; Retzlaff, King, Marsh, and French, 1997）测量状态中的疲劳症状。休息不足或在正常睡眠期间工作可能引起急性和慢性疲劳，从而导致军事或民用航行中的人为失误。随着军队和其他同样"规模缩减"的机构团体，包括取消限制后的航空工业，被迫以更少的资源做更多的事情时，他们可能会越发频繁地面临疲劳问题。这将导致工作绩效下降及易于出现应激相关症状。延长在岗的要求被称为持续性操作（sustained operations, SusOps）。在此期间长时间的在岗，通常没有睡眠休息。例如，将战斗机运送至海外，通常需要飞行员在一个单座战斗机中飞行 12～16 小时。这中间自然不可能睡觉。要成功完成这些长时间的任务，妥善地应对疲劳至关重要。随着夜视镜和其他照明系统在军事领域的广泛使用，以及民用领域中 24 小时全天候服务越来越为消费者所习惯，理解疲劳的重要性日益凸显。对于必须进行夜间飞行的飞行员，不仅不能安排其日间飞行，而且也不能要求其在白天进行增援工作。实质上，应当禁止这些夜间飞行员在白天进入办公区域。这样的举措要求其他人员（行政支持）相应调整这些飞行员的工作时间。

对夜班工作者而言，要在身体状态最低点工作是他们面临的另一个难题。对于大多数任务执行者来说，身体状态最低点出现在昼夜节律周期中的凌晨 3～6 点（Klein, Wegmann, Athanassenas, Hohlweck and Kuklinski, 1976）。夜间飞行员经常遇到的问题是他们坚持不改变他们的在家生活方式，遵循日常时间表。此外，这些飞行员在不进行夜间飞行的时候，可能会尝试迅速恢复到常规的作息时间表。因此，他们很可能陷入连续的昼夜节律紊乱状态。即使当飞行员的技能已经达到自动化且很高水平时，扰乱昼夜节律仍会严重降低工作效率，因而应对不断变化情况的能力将进一步受损。短暂的瞌睡，或持续时间为 2～3 秒的不自觉睡眠在现今战斗机的高速和其他复杂系统中尤其危险。此外，短暂的小睡并不能给人以充分休息，当事人甚至不会察觉到他们睡着过，但脑电图（electroencephalogram，EEG）却能很好地反映出来。

虽然短暂的疲劳和睡眠卫生状况不佳会导致认知功能下降和情感低落，然而，有些任务总是"快节奏"的。例如，美国国家航空航天局（NASA）的航天飞机任务即是将 1～2 周高速运转的任务结合各种令人极度疲劳的新情境。宇航员通常需要为一项任务进行 2 年的训练。这种训练的时间安排精确到小时。在发射前的几个月，训练会变得尤为繁重。兴奋的情绪以及发射前最后一刻可能会发生的变化、发射的推迟等都会令人非常疲劳。

研究疲劳的传统方法是客观表现测试和标准化的情绪量表，如斯坦福睡眠量表（Stanford sleepiness scale，SSS；Hoddes，Zarcone，Smythe，Phillips，and Dement，1975）、情绪测量概要（profile of mood survey，POMS；McNair，Lorr，and Droppelman，1971）和视觉类比测试（visual analog scales，VAS；Folstein and Luria，1973）。这些指标具有明显的优点和缺点。客观性能测试虽然常常对疲劳极度敏感，但需要获得稳定的性能水平，才能辨别出与正常值的偏差（Schnieder，1985）。该测试过程需要数小时的练习时间，而飞行人员往往难以满足这样的时间要求。SSS 非常方便，但该量表仅由单个的题目及回答构成，因而无法挖掘其他情绪维度。从心理测量学角度来看，使用单项测试的可信度也有限。POMS 能可靠地测量 6 个情绪维度（疲劳、亢奋、混乱、愤怒、紧张、抑郁），包括 65 个描述性评价。这就需要相当长的时间来实施及评分。VAS 所需时间通常更短，并允许受测者在两极间的一条直线上的任意一点进行标记来作答。虽然这种方法相比其他两种情绪测量法而言允许得分面更宽泛，但是作答不受指导的特性使得对答案的解读有相当大的差异。对这种量表结果的解读也可能过于主观。SSS 和 VAS 针对每种情绪通常设计单一问题。POMS 则设计几个问题来评估每种情绪，从而可能增强情绪评估的可信度。

人是不能"习惯"睡眠剥夺的。持续的急性疲劳会导致慢性疲劳，而我们对后者的了解仍然较少。

SOAP

　　SOAP 包括 90 道题,采用 1～5 的利克特(Likert)量表计分(1 表示完全不符合,5 表示完全符合)。受试者需要根据自己"前 1 小时左右"的情况对每道题目进行选择。下文列出了所有测试题目,可以双面打印在标准规格纸上并提供给受试者。这样紧凑的排版对受试者而言显得"简洁"。

　　SOAP 的 10 个分量表各有 9 个项目,代表所测维度的相关方面。项目在各分量表名下以板块排列。它与心理测试不同,心理测试一般会将项目随机排列,并且不会明确给出分量表名称。SOAP 测试通常只需要3～5分钟即可完成。因此,它非常适合需要反复测试的情况。

SOAP 量表

　　该测试的分量表包括 3 个认知维度(注意力差、无兴趣和反应迟缓)、3 个情感维度(焦虑、抑郁和易怒)和 4 个躯体唤起维度(疲劳/精力不足、睡眠问题、工作倦怠及躯体不适)。

认知维度

- 注意力差:高分者难以专心和集中注意力。他们很难集中精力工作并因此导致工作效率低下。他们必须重复工作和投入额外的注意力才能完成交予的任务。
- 无兴趣:高分者缺乏兴趣和安于现状。他们认为工作枯燥并且累人。他们不再从工作任务中得到"乐趣",时间对于他们而言似乎也变慢了。
- 反应迟缓:高分者认知和行动缓慢。需要额外的努力才能跟得上工作负荷。他们周围的事物和他们自己的思维好像都很慢。

因认知输入与输出的问题导致他们的运动能力也削弱了。

情感维度

- 焦虑：高分者感到紧张、焦虑和担忧。身体紧张不安。他们会不由自主地警惕并感到不安。
- 抑郁：高分者感到沮丧、不幸福和悲伤。他们缺乏动力和乐趣。对自身感受十分在意且开始感到无助。
- 易怒：高分者对他人容易发怒并觉得他人对自己不友好。这包括想独处和远离人群的愿望。他们缺乏耐性、不合群，并易怒。

躯体唤起维度

- 疲劳/精力不足：高分者的疲劳已达到筋疲力尽的程度。他们缺乏精力，并怀疑自己是否有能力再继续工作或者行动。
- 睡眠问题：高分者自述睡眠不足，且睡眠质量较差，常会感到困倦和想睡觉。他们的眼睛都快要合上了，也可能会不停地打盹。为此，他们也许会尽力保持清醒而不断地抖动和摇晃。
- 工作倦怠：高分者对工作感到厌倦。他们希望不用去完成任务，希望不再有新的工作要他们去做。工作对他们而言就像是折磨和苦役。他们可能会感到需要帮助才能完成工作。
- 躯体不适：高分者存在肌肉疼痛和僵直。他们会想要站起来伸个懒腰。也许会因为大量排汗或束缚性的服装/装备而感到身体上的不适。他们感到手臂、腿部、头部和眼部都存在不适。

下面列出了 SOAP 的题目，可将其修改后或直接用作检测疲劳的方法。为达到最佳效果，应将其正、反面印刷在法规文件用纸(8.5 英寸*×14 英寸)或 A4 纸上。

---

　*1 英寸＝2.54 厘米

说明：请按照您最近的情况对下列项目进行打分，1 分代表完全不符合，5 分代表完全符合。

1. 注意力差
（1）难以集中精力；
（2）很难集中注意力；
（3）难以专注于一项工作；
（4）做事容易分心；
（5）阅读材料时必须重复；
（6）交谈时走神；
（7）需要额外的注意力才能理解事物；
（8）经常做白日梦；
（9）思维迟缓/思维效率下降。

2. 兴趣减退
（1）做什么似乎都没有意思；
（2）对正在发生的事情毫不关心；
（3）没有什么是有趣的；
（4）对正在发生的事情毫无兴趣；
（5）淡漠；
（6）对任务感到无聊；
（7）对相似重复的事物感到厌倦；
（8）感觉事物是单调乏味的；
（9）感觉时间过得太慢了。

3. 反应迟缓
（1）不想多动；
（2）只是随便看看；
（3）总要先想一下才能做出动作；

（4）一切好像都在做慢动作；

（5）感觉手臂沉重；

（6）反应变慢了；

（7）动作似乎被延缓了；

（8）难以赶上工作节奏；

（9）反应迟钝。

4. 焦虑

（1）感到焦虑；

（2）感觉肌肉紧绷；

（3）感到紧张；

（4）对事情感到忧虑；

（5）肌肉颤抖；

（6）抖动手和腿；

（7）胃不舒服；

（8）心惊肉跳感；

（9）警觉。

5. 抑郁

（1）感到绝望；

（2）感觉不幸；

（3）感觉悲伤；

（4）生活没有乐趣；

（5）灰心丧气；

（6）希望能开心些；

（7）担心"我"可能永远也不会好起来；

（8）一切都不在自己的掌控之中；

（9）做什么都无关紧要。

6. 易怒

(1) 容易发怒；

(2) 总是对他人感到恼怒；

(3) 十分不友善/挑剔；

(4) 不耐烦；

(5) 真的很想一个人待一会儿；

(6) 生气；

(7) 不合群；

(8) 希望远离一些人；

(9) 总抱怨别人。

7. 疲劳/精力不足

(1) 非常累；

(2) 极度疲乏；

(3) 筋疲力尽；

(4) 非常憔悴；

(5) 过度劳累；

(6) 无法支撑下去；

(7) 精力匮乏；

(8) 累得动弹不得；

(9) 精力耗尽。

8. 睡眠差

(1) 想睡觉；

(2) 真希望能多睡会儿；

(3) 很希望能睡得更香；

(4) 现在立马就能睡着；

(5) 不停地打盹；

(6) 眼睛随时就要闭上了；

（7）得强迫自己睁着眼睛；

（8）不停地跳动、摇晃、抖动才能保持清醒；

（9）老打哈欠。

9. 工作倦怠

（1）现在不想工作；

（2）真希望现在什么事都不用做；

（3）希望不再有别的事要去做；

（4）我身上担负的东西太多了；

（5）对工作感到厌倦了；

（6）工作就像是做苦力一般；

（7）工作是一种折磨；

（8）想结束工作；

（9）希望工作上能有人帮忙。

10. 躯体不适

（1）肌肉疼痛；

（2）身体僵硬；

（3）怎么都觉得不舒服；

（4）手臂和腿部疼痛；

（5）想伸懒腰；

（6）皮肤发黏/很脏；

（7）穿的衣物令自己感到不舒服；

（8）头痛；

（9）眼睛疲劳。

5 向飞行员和有关部门（航医或上级指挥官）提供反馈

做一名顾问

对于一个初出茅庐的航空临床心理学家来说，通往成功的最佳途径就是做军中地位巩固的航空军医顾问。

飞行员和其他航空人员喜欢收到反馈，特别是当他们的飞行出了问题，最终导致失业时。你一定要用足够的时间向他们说明心理量表是如何被编制出来并被验证有效的；而他们对其中数学概念的敏锐掌握会给你留下深刻的印象。当心理测评结束时，尽管你给出了详尽的解释和建议，他们还是会提出许多问题，让你印象深刻。

制订可操作的航空卫生心理学计划（成为一名航医的顾问）

想要获得航空临床心理学实践经验，最好的办法是去航医办公室做一名顾问或是做航空医学体检员。当你以飞行心理学家的身份工作时，不要直接接受飞行联队指挥官的建议。另外，只有航医有权让某个飞行员停飞。在有些关键时刻，比如当你想与一名机警的飞行员建立友好关系时，你自我可以提醒这一事实。

鼓励并确保航医向你转诊病人，并教会他们如何完成正确的转诊。

告诉他们你很愿意处理婚姻疗法的病例(如果你确实愿意这么做并且具备此专业能力)。飞行人员可能会因其控制本能而在维持亲密关系方面出现困难。要将飞行人员引入相关的心理治疗中,一个方法是一开始只见他们的配偶并向他们家中传达某些信息,以此推动飞行人员自己来找你讲述他(她)的故事。记住,每个家庭的故事总是由 3 方组成: 他 的、她 的、以 及 事 实 真 相(Krysrina Osinski-King, *personal communication*, Oct 19, 1989)。

要让与你一起工作的航医明白,当他们听到飞行员的睡眠出问题时就意味着亮红灯了。大卫·R. 琼斯博士(*personal communication*, Nov 7, 1989)指出睡眠问题是问题飞行员的头号症状。

开展仅限于飞行员的吸烟(尼古丁)戒断计划,但不要进行停飞治疗,这样他们的飞行地位和状态才能得以保持。要在医院之外实施这些计划,如果可能的话,最好是在飞行员的工作地点。具体请见第 9 章。

通过为某些特殊岗位工作的个体提供服务来展现你的心理测评能力。记住,航医以及其他航空医师通常都会参与人事部门的一般决策。而心理学家显然能够在测评领域贡献一些独特技能。

当你将飞行人员的医疗记录录入文档时,务必谨慎,因为一些看似无关紧要的观察记录可能会给他们的职业生涯带来灾难性后果。学会正确使用《精神障碍诊断与统计手册》(美国精神病学学会,1991)中的"V-码",比如生存环境问题、婚姻问题、生命阶段问题等,甚至晕机都可概念化为一种 V-码:职业性问题。

到"现场"中去

航空临床心理学并不一定受限于办公室环境,而是应当与一线工作人员一起工作。你必须花尽可能多的时间在飞机上。因为你出现得越多,你的存在就越被大家所认可,而越不会被视为威胁。要让自己成为飞行安全办公室的常客。"来访者"并不是与你打交道的人,更确切地说,是上级给你的任务。再者,航空临床心理学最关心的是任务完成情况。显然,这样一种处理方式与传统的"提供者"或临床医生的角色相悖,并且因此可能引起同僚的误解,甚至是愤恨。当你不在心理健康诊所的时候他们会认为你不务正业。就个人层面来讲,你得明确自己愿意为做一名优秀的航空心理学家付出怎样的代价。你得接受一些现实,比如你无法成为心理健康诊所中最受欢迎的人,你很可能会被视作毫不关心病人的懒汉,你也可能引来嫉妒。决心到一线去从事这一专业也许不会有助于你的事业发展或改善你与同事的关系,但是与其他航空方向的心理学家一起工作至关重要,即便他们远在数百英里之外。

建立联系/网络

没有什么工作会比航空心理学家更要求你在专业上的创造力与聪明才智了。如果有机会,你可以与一名航空生理学家建立联系来作为初步的接触,尽可能地参加他们提供的所有特殊训练,最初是作为学生,之后成为合适的指导者。努力获得尽可能多的会议邀请,尤其是涉及讨论"人为因素"的那些会议。这其中包括对学生的特别督导级别的会议。可以考虑在飞行中队的家属聚会上做简要讲话,但在展开行动之前,你要先了解你的听众们(参看"说话之道")。多准备一些笑话。因为你可能会在这个能力强大但相对缺少洞察力的群体中引发焦虑。记住,使他们能够当着你的面开玩笑将会大大地增加他们对你的亲切感和熟悉感。

使工作制度化

尽你的一切努力来使你的工作计划得到正式认同。准备一些操作指导、合同文本,以及其他任何能够将你的工作合法化或制度化的材料。寻求和接受所有的培训机会,尤其是那些能够增进你对飞行世界熟悉度的机会。定期走访空中交通管制人员的值勤塔台,并与飞行维护人员交流。如果你确实对飞行有兴趣并且能挤出足够的时间和资金,可以考虑学习飞行课程。这需要高度投入。

其他建议

- 设计一些简单的讲义和简报,并随时准备将它们用作临时通知。
- 做演讲时要表现得专业,可借助视听教具。
- 试着在当地或基地的媒体上得到露面的机会(以恰当的方式),但别忘了一定要保持谦逊,并且要在需要的时候给出赞美(对航医、卫生部门的主管、医院领导、飞行联队指挥官等)。发表一些与工作有关的文章。但一定要与你所在组织的公共事务部门协调好。不要让自己被别人误解、误传。

记住,你的工作对象群体不仅是飞行人员,还要服务于他们的家庭成员。任何军事职业,甚至非军事的飞行职业,都可能在许多方面给婚姻带来挑战。当夫妻一方或双方都是飞行人员时,这种挑战倍增。在我们对男性或女性飞行员人群进行研究之后(King, Mcglohn, and Retzlaff, 1997),唯一遗憾的就是没有研究军事飞行人员之间结婚这一独特问题。频繁地迁移(称为临时任务)、紧急部署、缺席家庭活动及感到丧失致富机会等,都会增加家庭压力。

6 提供支持：危机事件的应激疏导

危机干预

早在 1980 年，布彻（Butcher）就主张在灾难性航空事件之后立即进行危机干预。这种事件虽然很少发生，但当事人的反应却通常遵循一个可预测的过程，包括：

- 震惊。
- 混乱。
- 最终调整。

但是，反应可能会延迟数小时或数周，对于受影响个体的最佳服务不同于传统的心理健康护理，还包括帮助受害者和援助人员，并给予他们生活必需品（食物、避难所和对孩子的安置与照顾）。另外，可能无法形成正式的（咨访）关系。例如，基于目标人群的病前人格结构，治疗性接触可能比典型的来访者-治疗师关系更合适。

琼斯（1985）提醒我们关注救援人员。在调查了 592 名参与圭亚那琼斯镇千人自杀惨案灾后行动的美国空军人员后，他将这些人称为"间接受害者"。他发现那些接触尸体最多的人，发生躁郁的情况最严重。他建议，如果有可能，应尽量委派年长且有经验的工作人员。如果委派年轻的工作人员，应尽可能让年长的指导者与他们一起工作。琼斯提倡委派心理健康工作者对救援人员的反应进行监控，并提供非威胁性的群体情感支持。经验表明，最好不要让心理健康专业人员接近灾难现场，包括不要让他们看到尸体，以防他们被自己的反应所困扰。

美国心理学会（The American Psychological Association，APA）联合美国红十字会开发了灾难应对网络（disaster response network，DRN），以应对灾难和危机引发的创伤后应激障碍。迄今已有 2000 多名心理学家同意义务向灾难幸存者及其救援人员提供现场服务。这些志愿者为经历短期应激的人提供服务，并持续评估受影响的个人是否需要额外的转诊服务。

干预措施

- 暴露前的准备性训练：在暴露于潜在发生的创伤性事件时使用；强调在异常情况下感到压力是正常的。该训练不能帮助那些不能处理压力情境的人，它不是治疗项目。
- 缓和：通过讨论去正确看待创伤性事件。如果紧张情绪不能得到缓和，可能会导致创伤后应激障碍；缓和在本质上主要是教育性的。
- 任务报告：依靠团体经验去处理暴露于潜在创伤性事件后的认知、情绪和生理反应。创伤性事件终止 24～72 小时后方可启用（在此期间使用缓和措施）。

根据 APA，人对突发灾难性异常情境的反应通常包括：
- 与事件相关的重复想法或噩梦。
- 睡眠困难。
- 食欲改变。
- 焦虑或恐惧，尤其接触到勾起创伤回忆的事件或情境时。
- 记忆困难，包括无法回忆创伤事件的细节。
- 无法面对创伤的某些方面；回避那些会触发回忆的活动、地点、人物。
- 过度警觉。

- 精力不足。
- 难以做出决定。
- 不由自主地哭泣。
- 感到：
  △ 精神涣散/无法集中精力在工作或日常活动上；
  △ 躁狂、发怒、愤恨，以及易激惹；
  △ 抑郁、悲伤；
  △ 情感麻木、社交退缩；
  △ 对所爱的人的安全极端保护或感到担忧。

尽管以上都是对创伤性事件异常情况的正常反应，尊重"否认"这种心理防御机制也很重要，尤其是救灾工作人员的"否认"。不同于传统的心理健康服务，对这些急性创伤的救治并不包括排斥防御机制。帮助受创人员最佳的方法是为其提供一个能追踪其情况的响应式支持系统。

确保救灾人员在任务期满后按时离开，尽管这对部分人员来说也许很困难。向他们强调应当进行调整和休息，让身体恢复，以避免彻底累垮。确保他们获得充足的休息、饮食良好（吃有营养的食物）、锻炼，并避免物质滥用（咖啡因、尼古丁及酒精）。当救灾人员处于饥饿、疲劳或情绪状态很差的时候，他们几乎无法为别人提供帮助。休息对任何人都是必要的，并能提高救灾人员的工作效率和健康状况。

返回家中

救灾人员还必须对救灾行动结束之后回归正常的日常生活有所准备。不管你的家人和工作单位如何坚持他们需要你马上做某些事情，你都应该尽可能地多休息，之后再投入你不在单位期间所攒下的工作。当你的家人提到家庭重要事件（如朱尼奥尔的 3 岁生日，萨丽第 1 次换牙）或是家中出现"危机"时（汽车报废，家里的猫去世）你未能在场，要保持耐心。不要把他们的这些事看得无足轻重，从而强调你所从事工作的重要性，他们只是在试着向你表达她们对你的思念。对家庭重聚的期望应该保持在一种合理的水平，生活极少会与我们的幻想或是好莱坞煽情戏相符。如果你发现自己对紧急任务的兴奋感感到怀念，并且希望能再回去工作（尤其是当其还在继续时），不要对此感到吃惊。

记住你日常生活中的那些人同样需要你，你的孩子在理解你的缺席时，很可能度过了一段难熬的时光。曾经有一次我因进行灾祸调查在外30天，而之前我告诉家人我只出去3～7天，所以我的儿子很难再相信以后我外出执行任务会按时回家。当你不在家时要与家庭成员保持联系，但不要太频繁。无论你在外还是回家之后，都注意不要讲述过于形象的细节或故事吓着孩子们。当你为救灾行动准备时，让你的家人帮助你，这样他们会感觉自己的重要和有力量。确保在完成任务后如果有自我调节上的困难一定要寻求帮助。不能很好地帮助自己将会削弱你将来帮助他人的能力。除此之外最重要的是，确保与一些支持你的朋友交流，并倾吐你的悲伤，尽管他们也许并不在你的常规社交圈中。

现场主管

当救灾行动结束后，确保举行一次正式的任务结束仪式，"获得权威认可是对心理痛苦最有效的解药"（Jones，1985，307）。利用最后一次机会，与那些即将解散的救灾人员交谈并向他们推荐就近的潜在支持资源至关重要。

资源

- 美国心理学会（APA）：实践董事会，电话1－202－336－5800，能够指导你联系各州的心理学会，以及其下的各市、郡的心理学会，从而帮你找到各地区受过防灾专业训练的心理学家。比如，纽约州心理学协会灾难/危机应对网络就一直保持着强大有效的计划安排。

- 红十字会/红新月会：查阅你电话簿上的当地分会号码。

- 国际重大事件应激基金会：这个私人的非营利性组织有遍及全世界的多达 400 个专业队伍的数据库。电话 1 - 410 - 750 - 9600，提供每日 24 小时服务。

- 国家受害者援助组织：1 - 800 - TRY - NOVA(1 - 800 - 6682；华盛顿特区城区电话：232 - 6682)。

7 教学

有人请你授课：现在该做什么?

我一直尝试在设计课程方案时,考虑提供一些更受欢迎的话题,以使教学变得更容易,即便是对那些半心半意的学习者而言。使用本书中的资料来发展与空军飞行中队之间的友好关系。请注意"说话的艺术",和飞行员交谈,你将获益良多。了解你所在单位飞行人员的需要,然后针对他们所需要知道的东西在最短的时间内制订出教学计划。最重要的是,对那些即便看起来最偶然的教学机会也必须认真准备,这个群体追求完美,随时会发现准备中的不足。如果你因为太忙而没有做充足的准备,那么请不要尝试去教学。

了解你的听众

最重要的是要了解你的听众! 在早期从事航空心理学职业中,我曾经犯过一个错误,即召集一些飞行学员的妻子,还有一些甚至是国际飞行学员"很重要的另一半"进行了一次畅所欲言的小组讨论。她们自发地问我各种问题,包括为什么她们被更年长的妻子们"命令"在任何时间都要起床为她们的男人准备早餐,为什么需要她们丈夫的同意来计划生育,为什么军队不给她们更多的职业支持。我想我没有给出非常恰当的回答，因为第 2 天我的老板（医院负责人）告诉我，一位飞行指挥官打电话来问："那个该死的心理学家干了什么?"我的上级建议我和这位飞行指挥官的妻子谈谈，对此我仍心存感激。意识到一个人不可能以这种方式去接触一名高级军官的夫人，我决定直接见这位飞行指挥官本人。通过航医办公室，这次见面演变成 3 个小时的讨论，并获得了诸多正确的指引。最后结束讨论时，我请求和他的妻子交流，来解决所有疑问。他的回答是："我会照顾好她的。"

通过课程设计获得更好的沟通效果

　　无论是对演讲者或是提出请求的人，都不要低估课程设计的价值。以下是一个 12 步的课程计划方案。演练要求是仔细考虑你要达到的目标。有一次，有人请求为一些职业保健者做一个重复演示，我们努力根据请求者的要求去提炼。然后，在课程设计过程中，他拒绝合作。我们很有分寸地（可能还不够）鼓励他把课程设计看成是成功演讲的必要组成部分，并拒绝了他迫使我们帮他确定一位演讲者的要求。不过，他自己找到了一位演讲者，但他很快就产生了抱怨，原因是轮训住院医生不听重复的演讲。

12 步课程工作计划

　　（1）课程标题：_____

　　（2）目标人群：_____

　　（3）学习目的（通过抽样调查进行评价）：_____

_____

教学指南

　　（4）自我介绍：_____

　　（5）引人注意的步骤：_____

_____

（6）动机：_____

（7）概述：_____

（8）论述主体：_____

（9）结论：_____

（10）总结：_____

（11）重复动机：_____

（12）结束：_____

课程计划指导意见

（1）自我解释。

（2）谁将会接受这一信息？他们的兴趣是什么和有怎样的能力？

（3）你想听众从可预见的或可观察的表达中获得什么。通常加上"确定"或"执行"的框架。框架如下：（a）给定的条件；（b）理想的学生行为。例如：（a）假设一串选择；（b）学生将识别正确的选择。

（4）自我解释。

（5）笑话、故事、特技或者与课程相关的举例说明。

（6）简单向观众介绍怎样（为什么）这个讲座对他们来说有趣（重要）。假设的例子："我们的调查表明，当遇到一位有特殊需求的飞行员要求转诊时，初出茅庐的航医有时很难应付。"

（7）你想要说什么？

（8）说的时间！

本节总是以大纲的形式编写。视听教具和计划好的开销问题明确标明。此外，告知何时分发讲义。

例如：

Ⅰ．压力（主题）

1. 自主神经过度兴奋（主要观点）

   a. 晕机（次要观点）

b. 心悸

2. 态势感知的丧失（下一个主要观点）

问题："有没有人愿意猜猜，在繁忙的航行模式中丧失情境意识的后果会怎样？"

Ⅱ. 主题（等）

上述材料将准备在页面左侧。个体事例（例子、个人经验等）列在页面的右侧。用于测试目的的内容（如被目标定义的）列在左侧栏中。

（9）任何最新的信息都在这里呈现。是时候收尾并为你的观众准备下次课程了。

（10）把你课上展示的东西再重申一遍。重复所有要点。

（11）提醒听众跟他们相关的信息的重要性。

（12）告诉听众现在课程全部结束。以一个笑话收尾（以契合主题为好），请再次给出电话号码。

所需视听硬件（如悬挂式投影仪、幻灯片放映机、投影显示器等）。

所需视听软件（投影、幻灯片等）。

多项选择题要有一个正确的选项（有所指明），这些应符合你的教学目标。

附一份课堂讲义的复印件。

你可能常常会被邀请去做单次的（至少一开始看来是单次的）讲演。许多讲演者往往会带着一叠幻灯片或者一摞讲义去做展示。然而，最有效的方法是摈弃两者的缺点，并利用两者的好处。将文字嵌入幻灯片中，写一个讲稿而不是手稿。带上两份讲稿复印件，一份自己用，另一份交给你那临时雇来但急于表现的幻灯片操作员。那样的话，你的每个动作、表情或反应都不会被其误读为切换下一张幻灯片的信号。另一个好处是你可以不用为了读你的幻灯片而背对观众。虽然一些人可能害怕讲稿会使演讲者显得不自然，甚至担心会使演讲者照本宣科，但这种策略事实上可能促进更好地自我发挥。如果你面前已经有了你需要讲述的内容，那你便可以在此基础上针对听众需要对讲演内容进行适当的修改，而不用害怕太过跑题。

如何和飞行员交流

这是一个关于"说话的艺术"的指南，在已退休的美国空军罗杰·F. 兰德里（Roger F. Landry）上校（博士）的一篇未出版文章基础上改写。

- 机组人员不蠢，也不缺乏足够的注意力和专注度。他们可能看起来粗鲁又冲动，但事实上他们却相当守规矩。这只是因为他们能轻松规避分神且容易感到厌倦。如果你无视这些事实，那后果自负！

- 做报告的时候要简明扼要。记住，作为一个人为因素专家，你代表着一种威胁。机组人员仅有的那点儿友好会稍纵即逝。即便你水平不错，他们也只会给你5～10分钟的时间。如果你水平并不怎么高，那你只有几秒钟时间。如果执意要继续，你会发现你将面对越来越充满敌意的一群"民众"。场面可能变得令人难堪。为了你自己，快点儿跑吧！

- 有趣点。机组人员喜欢享受美好时光，不喜欢太过严肃。你也别太严肃。记住，严肃只适合于普通职员。如果机组人员每10分钟没有笑过一次，那他们不是被停飞就是死了，对他们而言这两者没有差别。

- 做好充分准备，以使得你自己看起来非常自然。这不是自相矛盾的。机组人员喜欢无拘无束，即使这并非天生的。记住，这些人是极有趣的计划者并且做事不留遗憾。

- 知道你自己在说什么。吹牛大王很快就会被发现，并被当作攻击目标。

- 如果你知道自己在说什么,请自由使用与飞行相关的比喻和白话。如果多次误用相关词汇,你可能会被无视。如果你不知道,那就多请教别人。

- 准备好会受到一些善意的起哄。如果他们不喜欢你,则不会起哄。无视才是他们对你的最大侮辱。记住,如果他们与你攀谈,说明他们关注你。

- 警惕你可能怀有的任何"追星"的倾向。记住,我们不是飞行员。在飞行环境工作,健康的动机是去积极地影响飞行任务,增强飞行安全性,而不是给你一个穿飞行服的借口。

附加评估建议

访谈

　　飞行员按照备忘录来生活,当看到别人也使用时他会感到欣慰。与这些人员进行访谈很有必要以结构式或半结构式的方式进行。判定这些飞行员或者将要成为飞行员的人的飞行动机和产生动机的历史。通常飞行动机都会追溯到很小的时候,然而有时飞行员也会在后来的生活中出现"飞行折磨感"。但是,临床经验告诉我们,早期的动机通常更容易恢复。下面提到的结构式访谈和以前引用的 ARMA 类似,但没有定量评分。

评估飞行动机的结构式访谈

　　你最初从什么时候开始对飞行感兴趣?

　　你为什么飞行或者想要飞行?

　　当想到飞行或者正在飞行的时候你害怕什么?

　　你的家庭和朋友怎么看待你的飞行事业?

　　你想过其中的风险吗?

　　你未来有什么打算?(看他们是否本能地提及包括飞行在内的活动)

如果不能飞行你想做什么？

常规访谈建议

- 访谈不等于闲谈。
- 访谈具有目的性、指令性和单向性等特征。
- 利用有限的自我表露机会。
- 建立融洽和谐的关系。
- 倾听。
- 重申和询问以澄清事实。
- 提供饮料，如果需要的话，可以适当休息。
- 询问开放式问题。
- 鼓励自发式回忆。
- 从一般问题入手，然后切入专题。
- 适当地穿插一些封闭式问题。
- 注意细节问题的有效性，鼓励认可，但可能会主导（访谈）。
- 注意过程的同时也要关注内容。
- 这个人与你的关系如何？（注意记录声音、姿态和面部表情）
- 对你达到的合作程度进行判断。
- 如果他们不回答你的问题，改变询问方式。
- 接受访谈中出现"停顿"。
- 让他想，让他讲。
- 不要急躁，保证访谈的完整性。
- 如果没有必要的话，最好不要进行重复访谈。
- 了解受访者的个人情况。
- 解释你收集信息的用途。
- 如果你不能保证绝对保密的话，就不要允诺。

　　了解飞行员的潜在弱点,这可以成为为这个大压力群体提供服务的有效办法。明白这个群体的压力点,提防他们是否开始自行服药,是否和配偶争吵,或者向你诉说一些并无器质性损害的身体问题。当心理学家发现此类案例的时候,必须紧密地与医疗同事进行合作处理。

　　在某一时刻,一位飞行员停止当飞行员,转而成为一位病人。尽管有些临床医生可能会试图让有病的飞行员继续飞行,但大卫·R.琼斯(David R. Jones)指出"飞行不是治疗"(*person communication*,7 Nov 91)。即使在众多医疗投诉的案例里存在一些悲观预测的可能性,我们仍要转向考虑针对飞行员的干预。

9 干预措施

首先：什么是"应激"？面对应激，我们能做些什么？

正如本书始终强调的，飞行是一种承受巨大压力的工作。这种压力能否被消除？当然不能，并且消除所有压力的做法也是不可取的。那么，究竟什么是"压力"？

一般适应综合征(Selye,1978)

压力是对机体的挑战：

(1) 警戒反应；

(2) 抵抗阶段；

(3) 衰竭阶段（痛苦）。

压力是针对行为发出的一种信号。一些压力对于行为的最佳表现来说是必要的。耶克斯(Yerkes)和多德森(Dodson)(1908)曾经利用倒"U"形曲线说明适当的压力有利于最佳行为的产生（或者激发最佳行为的产生）。为什么控制压力非常重要呢？如果承受太多未经处理的压力，我们将会被击垮（痛苦）。但是，如果没有足够的"压力"，也无法做出最恰当的行为。压抑的情绪会阻碍我们做出明智的决策，降低行为能力，并导致机体的损害（疾病）。当变化来临时，不管是积极的还是消极的，随时都包含

不幸事故的危险或者机体得病的概率增加（Haakonson，1980；Brown &
McGill，1989）。为什么要谈这些？成功（积极的改变）向我们提出了新的
要求，"继续努力"或许使我们自己变得更出色。

压力管理

什么是压力管理技巧？这些技巧很简单但是需要我们切实地运用它们。

- 保持良好的营养。
- 获得充足的睡眠和其他"停工时间"（允许自己有时什么也不做）。
- 锻炼。保持良好的身体状态（抽出一些时间进行锻炼，哪怕是 30
  分钟的慢走也可以）。
- 重视良好的人际关系。
- 去除生活中无用的东西。修补或者丢弃旧的器具，对已经无效的
  人际关系也可以这么做。

你已经做了什么来管理压力？记住，你没有必要通过控制你的情感
来管理压力。

对愤怒（和酒精）的管理

你可能已经意识到愤怒的危害了，这真是一种坏的甚至是疯狂的行
为模式。但愤怒不同于攻击。攻击是有些人选择表达愤怒的方式。电影
中的"神奇绿巨人"就是愤怒直接导致完全失控的典型例子，也给了愤怒
一个坏的名声。

你可以允许别人激怒你，但你不必因此生气。很重要的一件事是，了
解到哪些时候他人会使你生气，并且理性地考虑你打算对此做些什么（或
许什么都不做）。你有权生气，但你无权侵犯他人的权利。愤怒的情绪中
有很强的生理因素。忽视愤怒的情绪是危险的（涉及的疾病包括阳痿、高
血压及胃肠道问题）。也许你听说过"气急败坏"。早亡的 A 型性格个体
往往是被其无声的愤怒（不耐烦）所杀死的，而非对成功的追逐。

否认愤怒会消耗能量，并且可能会无意识地以其他方式发泄出来。

被否认的愤怒可能会意外爆发,并可能针对另一个(无意的)对象。有些人抑制愤怒的情绪十分"成功",以致于他们对所有情绪都变得麻木,甚至是对积极的情绪。不适当的愤怒管理可能导致酗酒,其后果是可能进一步激发愤怒情绪。

如果你认为典型的飞行员会选择逃避和自我防御,等你遇到一个"酒鬼"飞行员时你就不会这么想了。如果你对诊断与治疗酒精和其他成瘾性疾病不太在行,请务必立即寻求帮助。对于成瘾行为,CAGE问卷(是否考虑过减少该行为、是否因他人对自己这种行为的指责感到恼火、是否因该行为而产生愧疚情绪,以及是否早上睁开眼的第一件事就是想要做这件事;Ewing,1984)是一个有用的筛查工具。飞行员也可能患上成瘾性疾病。众所周知,工作表现通常是被成瘾损伤的最后一个功能区。有一种常见的说法是,某些人不是酗酒者,因为他们"不比我喝得多"。对这种说法要小心。首先判断一个人是否酗酒的因素是其饮酒的后果,而非所喝的量。其次持有这样说法的人本身就可能是酗酒者。当一名酗酒者准备好要做出改变时,匿名戒酒互助社(Alcoholics Anonymous,AA)对其恢复过程能提供巨大帮助,并且在世界各地都会组织相关会议。此外,正如该组织的名称所示,活动参与是完全匿名的。"兴趣相投联盟"(Birds of a Feather)是专门针对飞行员的特殊群体。许多飞行员可能每天都小心谨慎地按医嘱喝上 1~2 杯酒,以防止心脏问题。但实际上他们可能并不属于这样一个能从此举中受益的群体。尽管他们本意是好的,但由于遗传易感性,该组的一些成员可能会发展为酗酒。此外,"酒瓶到油门"(bottle to throttle)规则(通常间隔时间为 12 小时)常常会忽略大量饮酒在 12 个小时之内发生的后遗效应。如果可以选择的话,和只喝了一瓶啤酒的机组一起飞行总比和醉醺醺的机组一起飞行要好吧!

愤怒不同于"挑衅"或"狂怒"。挑衅是人们表达愤怒的一种方式。电影《无敌浩克》(The Incredible Hulk)中的人物表现出的愤怒直接导致情绪的完全失控,这赋予了"愤怒"坏名声。

你可能会允许他人触发你的"愤怒"按钮,但他们并非有意使你愤怒。重要的是,必须清楚地认识到他们"何时"触发按钮,并且理性地判断该如何应对（或许没有任何举措）。你有愤怒的权利，但是绝没有侵犯他人的权利。

愤怒具有强大的生理基础，忽视愤怒会对身体造成伤害。"A型性格"的人通常英年早逝，并非出于对成功的强烈愿望，真正的凶手是未说出口的愤怒（以及焦虑）。对愤怒的"否认"会耗费大量体力，从而会导致另一个极端。压抑于心的愤怒会在不经意间爆发，并且可能会伤及另一方。

一些人非常"擅长"抑制愤怒，以至于对所有（甚至是正面）情绪都变得麻木。他们会成为斯波克先生（非常理性化）或认为自己"无权"表达愤怒（自卑或过度社会化）。

治疗手段

- 当你生气的时候，认识到这一点。
- 学会调整你的愤怒情绪/控制住自己。
- 必要时，寻求自信/谈判训练。
- 有选择地作斗争。
- 抛弃你的自尊心（双赢）。寻求解决方案，而不是胜利！

其他措施

- 训练自己在回应前做几次深呼吸。
- 如果你感到要使用暴力，抽出一段时间来考虑你的选择。
- 这些时候应避免饮酒（酒精是情绪爆发的导火索）。
- 不要猜测别人正在经历什么。直接问他们！
- 学习通过使用"我的陈述"方式，而不是对"你的指责"，来谈论你的感受。
- "我很生气"，而不是"你让我生气"。
- "我不喜欢那样"，而不是"你不应该那样做"。
- 适当表达的愤怒情绪没有杀死过任何人（至少没有杀死过无辜的人）。
- 学会应对他人的愤怒。倾听并回应你所听到的内容比大声回击侮辱更为有效。

- 承认有些时候你对情况无能为力。对这些情况，你反而能掌控好他们。

案例

一位有经验的飞行员被提拔到一个监督岗位，使他承担了更多的责任。他的妻子注意到他饮酒增加。当妻子向他提出她的担忧时，他心存戒备。夫妻间的关系变得紧张，直到一次激烈的冲突，他几乎打了她。他过去是一位非常谨慎的飞行员，在执行训练任务时很少违反飞行最低高度要求。

几名飞行员同事注意到了他行为发生的微妙变化。有些人很担心，因此将这一情况报告了首席飞行员。首席飞行员把他请来面谈。在谈话过程中，他因捶打首席飞行员的桌子而伤了右手。

这个飞行员怎么了？应该如何帮助他？

案例

一位经验丰富的通勤飞行员被评估为酒精依赖。她饮酒10年，每晚饮用3~4杯威士忌酒。她提到一种自我规定的模式，例如在节假日期间或在上司面前滴酒不沾，并严格遵守"酒瓶到油门"（bottle to throttle）规则。她收到了一张醉酒驾驶的交通违规传票（但承认她以前有过几次在可能喝醉了的状态下开车的情况），注意到酒精耐受度的提高，以及频繁的酒后失去意识。在一次因饮酒而无法与丈夫同去参加社交活动之后，她终于掉到了"谷底"。她自行找到一位航空医学检查员，并参加了一项住院28天的治疗计划。她的丈夫在家庭周期间积极参与。在访谈时，她表示她在康复期间保持积极，每周参加4次匿名戒酒互助社（AA）活动。她说，她就算只喝一

杯酒,也可能会毁了她的康复计划。她的丈夫一直支持她,并通过
酒精中毒者自主治疗协会(Al Anon)积极地进行康复计划。

　　这名女性的预后如何?她可以回到之前的飞行状态吗?

睡眠

　　睡眠不足可能会导致易怒、心不在焉和态势感知的丧失。大部分成
年人每天需要 7.5～8 小时或者更多的有效(不被打扰)睡眠。快速眼动
睡眠是最平静的睡眠阶段,尽管它看上去似乎不那么安宁。大部分快速
眼动睡眠发生在第 3 睡眠阶段。

睡眠卫生

- 每天定量锻炼,这会加深睡眠。不要随意改变你的就寝时间,尤
  其是起床时间,甚至在周末或者其他身体欠佳的时候。
- 休息前不要锻炼。
- 保证卧室温度适中;过于温暖的房间会影响睡眠。
- 避免长期靠辅助手段来促进睡眠,这样反弹作用会很剧烈。
- 在睡觉前可以吃少量的零食;饥饿也会影响睡眠。
- 避免睡觉前过度喝水,以减少上厕所的次数。
- 少喝或者避免喝含咖啡因的饮品,包括饮料;避免吃含有咖啡因
  的食物(巧克力)。
- 少喝或者不喝酒。尽管酒精看上去可以使人精神放松,但睡眠会
  很浅而且睡得不安宁。
- 固定起床时间,不管睡眠效果多差。
- 避免烟草,尼古丁是一种兴奋剂。
- 如果你不能入睡就起床;你不能强迫自己睡觉。一些人会因为睡
  不着觉而变得愤怒和受挫,他们应该离开他们的床,做一些无刺

激性的事情,例如阅读无聊的材料或者看不动脑子的电视节目。不要再进行任何刺激性的活动。只有当觉得困倦的时候才继续睡眠。

- 把你的闹钟放到床下,或者让你的视线远离它。不要再去检查它,即便你还醒着。在你必须起床之前不要计算还剩余几小时(分钟)。
- 如果你患有失眠症,就不要午睡。午睡可能会使晚上的睡眠更加困难。
- 将睡觉和学习阅读的空间隔开。如果你在床上阅读或者学习,你可能会很难入睡(或者当你学习的时候你很难保持注意力)。
- 如果你需要在倒班工作中或者在一个吵闹的环境里睡觉,考虑戴一副耳塞。
- 在就寝前 2 个小时,洗个热水澡(当体温下降时会伴随睡眠的发生和深入)。
- 当所有的一切都失败的时候:喝杯热牛奶!

假日忧郁

圣诞节假日期间是令人开心的时刻吗?并不一定!对于很多个人和飞行员来说除外。从感恩节到新年是一年中最悲伤和压力最大的时段。"假日忧郁"对于军队飞行员而言尤为强烈,原因是与家庭的分离,有限的飞行小时(因为恶劣的天气和强制停机),或许还有有限的收入。

当个人预算被压缩至临界点以及给你个人的时间又不足,对过去节日失望的痛苦记忆又被重新点燃。而我们可能一直认为其他人在享受快乐的时光。这种想法使已经受到影响的心情越发感到孤独和寂寞。

通常在这种时候酒精会通行无阻,就像给易燃的木柴加了燃料一样。事实上,酒精通常在每年的这个时候意味着"快活"。许多平时很少饮酒的人求助于这表面上的麻醉药后就会变得更糟,或许还伴随着日趋严重的家庭问题的压力,甚至是法律纠纷。但很少有人意识到酒精实际上是一种镇静剂,带给我们精神上的快乐稍纵即逝。酒精看起来是一剂兴奋剂,但是事实上,它是大脑皮质的抑制剂,任何一个酒后把灯罩戴在自己头上的人都可以作证。尽管媒体通常描述饮酒是魅力无穷的节日传统项目,但结果可能是另外一回事。另外,酒精除了会增加悲伤的感觉,它通常也是节日自杀和交通事故的诱因。它并不是富有刺激的,不是吗?

孤独是一种普遍的节日体验。不要将自己与他人孤立起来,这一点很重要,与那些和你没有任何关系的人在一起治愈不了你的孤独。处在人群中的你可能依然孤独。

另一方面,飞行员可能会发现自己远离了家庭和朋友,缺少足够的社会支持。当其他人都在享受家人团聚的时刻,这些分离更令人伤心。

节日也会使我们回忆起和那些爱我们的已逝去的人一起度过的时光。离婚的飞行员,尤其是那些与自己子女分离的人,更会面临一段艰难的时光。

因此,如何处理这些令人沮丧的事情呢? 有效应对假期带来的额外压力,处理好对现实的预期。接受你不可能事事顺意这一事实,规划好自己的时间。醉生梦死的生活只能导致怨恨和更多的不幸福感。

鼓励朋友建立更现实的期望。通常明智地达成一致,即使是最亲密的朋友之间也不要交换礼物,放低对自己和他人的期望值。寻找那些节日期间不能和自己的子女在一起的人。

很多人都希望节假日具有魔幻般的作用。但期望值太高,失望就不可避免。例如,节日无法缓解家庭长年的紧张关系。接受这种境况比强迫矛盾重重的家庭人员间相互互动要好得多。忘记你在电视中看到的,真实的生活远非那么简单。

节日里的悲伤仅仅是暂时和正常的情感反映,并非真实的(临床)抑郁的挑战,如果在节日过后负面情绪还不能消退或者变得更难以忍受,就必须寻求专业人士的帮助。总之,如果你正在伤心,就让其他人(朋友、牧师、航医,或无论谁)知道,或许有一天你会重新踏上航程飞起来。

体重管理

为什么在一本关于航空航天临床心理学的书籍中,会有一节写体重管理？难道是为了明目张胆地增加图书销售，而像小报使用的策略一样？（"用外星人饮食法，每小时瘦 100 磅①！"）实际上，加入关于体重管理的信息是因为军民航飞行员要面对相对严格的体重标准。除了职业本身带来的风险，飞行员还面临在需要的时间和地点，找到营养的饭菜的挑战。

大多数飞行员远远称不上肥胖，但可能发现自己需要减重，更重要的是要远离肥胖。在开始减肥饮食前，一定要确保时间合适，并且你有相当大的机会成功。在生日前一周，或与食物相关的节假日前一周开始，想要坚持减肥计划会更困难。有哪个假期会和食物无关呢？

反复减肥失败可能导致对自己的不满。一项新研究表明，这种节食方法只会起到反作用。减肥和增重的循环被称为"溜溜球节食法"。你的身体会对此进行自我调整，使得之后的减肥更加困难。我们开始了解到，身体希望保持在一个固定的体重。当饥饿真实存在且持续存在的时候，这种机制非常有用。溜溜球节食法教会身体更高效地使用可获得的卡路里。这种效率类似于摩托车手通过在高速公路上以每小时 40～45 英里②的速度驾驶来节省燃料。同样的，每天进食少于三餐或是摄入极少的卡路里，将教会身体最大限度地利用卡路里。少吃一餐通常不会使你的体重下降！一个一直少吃一餐的人往往会在一天中吃得更多，而且还教会他的身体更有效地利用卡路里。

一旦你确定合适的时间开始减肥，请设定一个合理的目标体重。一个过高的初始目标要好于一个过低的目标。如有必要，可以在之后降低目标。例如，如果你体重 210 磅，并觉得自己应该减到 145 磅（保险公司的一些图表数据大致和你的目标一致），一个合理的目标可能是 160 或 165 磅。达到目标后，你可以重新评估你的目标。事实上，设定一系列目标体重可能是一个好主意。记住，相比于挑战一个几乎不可能的任务，不断取得一系列小的胜利更能帮你坚持饮食控制计划。当你达到一个目标，哪怕只是减掉 1 磅，一定要给自己一个奖励。不过要小心，不要用食

① 1 磅＝0.45 千克
② 1 英里＝1.60 千米

物作为奖励,因为这会适得其反。相反,为自己做一些你通常不会做的事情。例如,看一部你想看的电影,或者开始积累你即将需要的新的、较小尺寸的衣服。如果钱不太够,那就给自己一些金钱无法买到的奖励,比如一段特定的放松时间、一次舒适的温水浴,或是拜访一位友人。

研究还表明,超重者倾向于根据时间或其他外界的提示吃饭,而不是因为真的饿了。对超重者而言,当看到他人进食时,不管自己什么时候吃的饭,他们很可能也会进食。同样,超重者容易错误地解读身体内部的信号。例如,在节食时一旦感到任何不适,他们会觉得如果不立即吃饭便可能生病或昏厥。

最好每周称重一次,而不是每天或每小时称一次。节食期间,你会发现比起吃减肥时不能吃的食物,常常称体重这件事更有诱惑力。然而,让你沮丧的最好办法是发现体重并没有比前一天减少。实际上体重在一天中会有所波动,因此太多次称体重是具有欺骗性的。对你的体重做记录是个好主意。无论体重是否减轻,每周都规律地记录你的体重。你既可以将体重记录作为自己的隐私,也可以向他人公开展示。选择权在你手里。当然,最好在稳定的条件下称体重,即大约在同一时间,穿大约相同数量的衣服或者不穿,用同一个秤。

如果你打算减掉较多重量,应当咨询一下医生。体重表并非对每个人都具有参考意义。医生不仅可以帮助你达到理想的体重,而且还能评估你的一般健康情况,并调查是否存在导致你肥胖的潜在原因,如甲状腺功能低下。对于一些不应当减肥过快的人,医生也可以对其进行引导。最重要的是,医生应当确保你的减肥是安全的、非致死的。然而,不要相信那些提供所谓特效药的医生。若是仔细观察,你会发现有时这些医生自己也超重!

减肥期间,支持小组有时是很重要的一部分。它有助于使你认识到其他人同样也曾经面对,或仍然面对着看似无法逾越的障碍。了解别人如何应对挑战可以帮助我们自己更有效地应对这些挑战。在应对充斥着心理矛盾情绪的减肥过程时,有时需要咨询心理医师以进行短期心理治疗。减肥会导致生活中发生一些巨变。例如,一位过去并不受欢迎的年轻女士可能突然发现自己成为了年轻男士追捧的对象。然而,有些被指责因为超重而导致的问题,减肥后并不能得到解决。例如,单单通过减肥并不能使任何人自动获得社交技能。超重者事实上可能得评估一下他们是否是因为情绪紧张、无聊、抑郁或焦虑而进食。

记住不要把小"灾难"变成大"灾难"。如果一时失败了,也不要感到绝望。虽然最好坚持规定的饮食,但如果你打破了规定,不要觉得自己的整个饮食计划都被毁了,或者干脆在一天(一周、一个月)中剩下的时间里自暴自弃,胡乱饮食。这个策略在你达到目标体重后将会对你有所帮助。你可以学着掌握对自己偶尔的食物奖励。不像酗酒者需要完全戒断饮酒,对超重者而言,不再吃饭是既不现实,也不安全的!

喝水是减肥的良友。大量摄入水分很重要。这不仅会给你一种饱腹感,而且可以防止脱水。只是要记住避免高钠(盐)食物,否则你的身体会"留"住水分,并因此让你觉得自己没有减掉重量。

还要记住,最好逐步减肥。时下风靡的减肥饮食可能会产生巨大的短期效果,但不会帮你建立明智的饮食习惯,甚至可能会导致你变得比以前更重。减肥的唯一方法是使摄入的热量少于消耗的热量。这就是为什么运动是减肥计划的重要组成部分。然而,不要高估运动所能燃烧的卡路里。

虽然避免某些食物很重要,尤其是那些高脂肪或只是高碳水化合物(糖类和淀粉)的食物,但改变饮食相关的行为也很重要。例如,不要边吃饭边看书。这样做的人往往容易吃多,因为他们无法充分意识到自己吃了多少。饮酒则对你有双重打击,因为任何形式的酒都意味着"清空"热量,而且通常会导致"无节制进食"。在喝了几杯鸡尾酒后,你会更难抗拒下酒的花生。最好避免在家储存诱人的零食。然而,如果家里其他人感到需要这些食物,那就请他们不要将它们放在你容易拿到的地方。可以将这些食物包好,这样的话你要吃也就不那么方便了。这个麻烦让你有机会想想自己是否真的想吃零食,并打破反射式地吃零食的习惯。另外,减肥者应当将自己的进食行为限制在家中合适的用餐区域。不要在娱乐室的电视机前吃饭。当然,也不要站在开着门的冰箱前吃东西!就餐时应尽可能放松，没有压力。在餐桌上讨论家庭问题可能不是一个好主意，尽管这可能是一些家庭的传统。

实际上，减少饮食是终身合理和健康饮食的基础。减少饮食指的是限制脂肪（黄油、油、油炸食品、肥肉）、"空"热量（酒精、精制糖）和纯碳水化合物（精制面粉及其他过度加工食品）的摄入。要小心那些被包装成"减肥食物"，而实际上只是分量减少却含大量糖分且无营养价值的食物。如果你不清楚一个明智的减肥饮食是怎样的，请咨询膳食学家或营养师。

减肥是一个勇敢的决定。有时，做出这个决定已经成功了一半。减肥刚开始时是最困难的时期。当一个人开始节食时，其体重很可能会较快地减轻。此时减轻的重量实际上是由于盐摄入的限制或利尿剂（如茶）的使用而导致的液体损失。下一阶段则可能由于身体补充了一些失去的水分而导致体重略微增加。这个阶段是关键时期。在这一时期，节食者经常感到气馁，并开始对一个一开始觉得很新奇的饮食计划感到厌倦。经常锻炼身体的减肥者还需要认识到，由于他们所获得的肌肉比减掉的脂肪密度要高，所以，虽然体重没有下降，但想瘦的部位尺寸会变小，而不想瘦的部位则变得更壮实。

当达到你最终的目标体重时，一定要摆脱你的那些"宽大的衣服"。如果你愿意的话，把这些衣服捐赠给慈善机构或者公立医院。如果你不介意有点小乐趣，还可以考虑一下仪式性烧毁。虽然这个方法与把衣服捐给有需要的人相比不太经济，但会更有趣，甚至更有治疗性。目标实现后，你需要意识到你的工作才刚刚开始。你需要面对善意地鼓励你吃饭的人，他们会说这是为了你的健康，或提醒你你已经减肥成功。记住，减肥成功的关键是保持体重不反弹。

你面前的任务很艰难，但决非无法完成。虽然一些自年幼起就超重的人可能会有更多的脂肪组织，且因此在成年期更容易维持超重状态，但没有人必须因为脂肪组织的存在而一直成为肉体的囚犯。你的任务是尽可能保持脂肪组织不被填充，类似于驱逐公寓的租户。

尼古丁戒断

由于吸烟机会减少,尤其是在航空环境中,尼古丁戒断是飞行员所关注的问题。尼古丁对夜间飞行的飞行员而言尤其危险,因为它会减少血液供应,并因此减少供氧,减弱视力。然而,尼古丁戒断对飞行员而言也会造成问题,如引发烦躁情绪及认知功能下降。为什么通常自控的飞行员会对烟草或其他尼古丁输送载体上瘾呢?

3 种增加烟瘾的途径

- 尼古丁化学成瘾——尼古丁成为吸烟者生理上的一部分(尼古丁口香糖或其他缓慢减量法可能有助于这种形式的成瘾)。
- 习惯——自发行为,如在喝咖啡或喝酒时,或性行为后吸烟。
- 心理成瘾——通过吸烟来缓解压力(但尼古丁实际上是一种兴奋剂)。

两种结束使用尼古丁产品的方法

- 逐步减少使用尼古丁产品(缓慢、逐步减少使用量)。
- 突然戒断,即设定一个戒断日期,然后在该日期戒断。

为了抵抗你的习惯模式和对戒烟不确定的矛盾情绪,一定要尽可能多地争取社会支持(可能来自你的非吸烟伙伴)。扔掉你的尼古丁产品,并尽量避免那些最容易令你戒烟失败的情况(对所有成瘾者而言都是这样)。在你过去称之为"抽烟小憩"的休息时间照常休息,并继续你的腹式呼吸——只是这次不再抽烟!如果你在美国,请致电美国癌症协会(电话:1 - 800 - 227 - 2345)进行尼古丁戒断计划。

如果你担心在戒烟后体重增加,那么可以培养积极正性的运动瘾。积极性成瘾与消极性成瘾有所不同,因为正性的成瘾在我们做这些事情时会感到痛苦,但我们了解其长远的益处;而在我们进行负性成瘾行为时则是愉快的,但这些行为会导致长期的负面后果。

10 动机和恐惧

恐惧表现

恐惧表现（manifestation of apprehension，MOA）是一种心理层面的焦虑不安、恐惧和（或）学生面对他们的训练环境时表现出的生理性损伤。

症状

- 被动或者主动晕机。
- 失眠。
- 缺乏食欲。
- 与飞行环境相关的焦虑或者紧张。
- 表现不佳或下滑。
- 模糊的医疗投诉史,频繁地拜访航医,缺乏准备,空想。

鉴定

- 对教导员/教练的主观评价。

飞行教练判断指征

- 负动机(动机减弱)。

- 学习态度消极。
- 幽默感丧失。
- 个性改变。

在美国空军,如果没有心理或者生理问题,这种学生就被视为医学上符合飞行岗位要求。但若情况没有改观,那一定会导致管理层面而不是医学层面的淘汰。

飞行恐惧(fear of flying, FOF)

- 非飞行恐惧症引起的恐惧是一种管理而不是医学方面的问题。
- 飞行恐惧症引起的恐惧是一种焦虑障碍症,因而符合医学上的不合格。

恐惧症

- 无理由地感到害怕。
- 尽管如此,还是尝试去避免这种境况。

如果严重程度足以阻碍执行军事航空运输任务,那么"飞行恐惧"是取消继续飞行资格的理由。除非是近似于精神病性障碍或真正的原发性"神经性疾病"这类结果,否则飞行恐惧是由行政手段处理的。

当一个经过训练的 USAF 飞行员被诊断有飞行恐惧症,那么他(她)必须接受飞行评估委员会(Flying Evaluation Board,FEB)的评估。后备飞行员(训练有素的飞行员由于缺少飞行岗位而暂时不从事飞行工作)走出"储备库"(被重新赋予飞行任务),由飞行评估委员会认定为合格的飞行人选。

探索飞行动机及其历史非常重要。或许开始他们并非很积极。同样重要的是认识到飞行动机在飞行过程和生命进程中的变化。通常对于一名中年飞行员(在军队内定义为 30 岁以上)而言飞行动力会减弱,原因是不断增加的家庭责任和有可能在飞行事故中丧失了一个或多个战友。

3 个问题(Strongin, 1987)

- 这些症状来自于一种已知的疾病吗？
- 哪些是情境性应激源？
- 是否生活环境暂时会改变动机和防御？

当看到一个病人疑似有恐惧表现或者飞行恐惧时，询问他们如果不再回去干飞行工作他们会干什么，然后等待。

单纯性恐惧是指一种对恐惧刺激物的不合理害怕及试图避开激发焦虑的刺激物。恐惧症的反应有别于害怕，后者基于一个更为现实的评估体系。而基于经验的干预，例如系统脱敏，并未应用于针对飞行恐惧的领域，尽管它们有很好的效果记录。这两者之间的脱节可能是因为病人不愿去寻找心理健康顾问/心理咨询师的服务，否则对这些高素质者再合适不过了。相反，这些心理健康顾问/心理咨询师不在这个领域里实践，而是为更大范围的病人提供咨询。

> **案例**
>
> 一个年轻的应征入伍者在一个非常危险的环境中工作时不愿意戴呼吸面罩而引发指挥官的不满。他的主要感觉是"幽闭恐惧"，并且他感到戴上面具就无法呼吸。尽管他的指挥官说可以激励他克服这些情况，但是他承认当想到佩戴面具时便会很恐惧。进一步的面谈并未获得支持幽闭恐惧的证据，但是却支持单纯恐惧的诊断——面罩焦虑。这种状况需要进行治疗，但他却拒绝接受。他的决定得到临床医生支持，该医生评价治疗需要极高的动机，一个失败的治疗努力可能会导致他恐惧症状的加重（因为焦虑的减少反而使他避开恐惧刺激物的行为得到强化）。当指挥官得知他目前不适合继续军队服役是因为他无法佩戴面罩时，尽管并不情愿，但他还是支持这一安排。最终他因医学问题中止部队服役。

11 晕机：预防和处理

问题的本质

从街上随意找一位男性或女性。让他们背上重达 40 磅的物体。把他们捆绑起来扔进从当地酷刑商店购买的一种装置里。然后把他们的头装进一个封闭的塑料桶里，让他们通过一个软管呼吸。现在，让他们进入一个狭小炎热的减压房间，空间中弥漫类似煤油的气味。在同一时间从 3 个方向猛拉他们。在他们周围闪现一种带有奇形怪状图像的万花筒。用各种各样的嗡鸣声充斥他们的耳朵，嗡嗡声、重击声，以及用外语快速地发出各种人声。在这之后，让他们玩"太空入侵者"游戏，使他们相信如果谁输了，就将被烧死。

晕机会损伤一名飞行员的职业自尊。一个新手很可能在未完全开始之前就结束职业生涯。其实，控制甚至预防晕机的手段非常简单。只需很短的时间用于学习这些技术，就能帮助飞行员重返天空。这是一个令人欣慰的、低成本高效益的方法，可以帮助曾经晕机的飞行员重返天空。

根源

引起晕机反应的原因很多。每个个体的案例多类似如下的一种组合。

- 适应问题——我们本身并非生来为飞行的。被拉着在 3 个方向猛转对我们来说并不熟悉。加速度、不熟悉的飞机飞行姿态和飞行中环境所给予的压力都带来了适应性的挑战。

- 交感神经系统被过度刺激——身体会时刻准备着应对上述提到的挑战，常见的身体过度反应是引起呼吸急促、心悸、发汗等，基本就是"防御或逃避"的反应。

- 矛盾的信息——大脑在运动刺激中从视觉和前庭系统接收到了相矛盾的信息，这种错配的信息经大脑翻译后极似得到有毒食物的提示，因此带来恶心和呕吐的反应也就可以理解了。

- 与表现相关的焦虑——飞行员与其他成功者一样，希望完美，然而，这可能变为过度积极。当结果是令人遗憾时，会导致行为能力的下降。这就好比为考试付出了异常的艰苦，考试时却被"卡住"了。

- 畏惧——弗洛伊德曾说过："机体症状均是有原因的。"晕机有时是表明一个人不愿意去飞行，甚至害怕飞行。为了避免有意识地表现出害怕和不想飞的意愿，一个生理征兆就被无意识地制造出来。这种情况极少在飞行学员中出现。可以肯定地说，在有经验的飞行员中更少发生/出现。

- 低动力——晕机飞行员有时表现出很差的动力。有些不适是飞行环境中固有的，这些不适甚至增加飞行乐趣。当某个体不断抱怨飞行中的不适，就应怀疑他的动力差，并因此导致他缺乏耐心去学习如何处理飞行中遇到的挑战。在晕机的飞行学员中，动力差比畏惧的表现更为普遍。

晕机类型（两种类型均导致偏离任务要求）

- 主动——具有如下特征：心跳加快、出汗、分泌大量唾液、手脚冰冷、恶心，随后吐得一塌糊涂。

- 被动——除了呕吐之外，上述现象都没有出现。由于恶心和（或）不适，飞行记录上出现偏航。

帮助飞行员避免或处理晕机

第 1 步: 预防/教育

在学员还没有正式开飞机前,尽可能早地带所有的学员学习预防/处理晕机的技能(压力讨论、防晕机行为检查清单及睡眠卫生规则)。

在飞行员开始飞行训练前与其交谈

晕机通常是压力源一时超越某人的处理能力时出现的应激反应。不管在地面还是在空中,压力处理都是一种避免或克服晕机的有效手段。

压力无法避免,但是可以处理。飞行训练面临许多压力源,有些是"消极的",有些是"积极的"。尽管你的任职培训飞行是一个积极事件,但当让你去驾驶你还没有熟练掌控的飞机时,这就可能产生压力。当这一次航程将不安排你去飞时,那么失去控制本身就充满压力。而在你进行飞行的大约 1 年中,仍在伴有身份所涉及的转变而产生的压力,以及可能需要迁移并学习驾驶另外一种飞机。在你接受自己飞机的那天(晚),你将体会到心跳的加速,这从心理学角度看,与飞行中处理紧急情况无异。两者都会导致心率加快、肌肉紧张、出汗。与其用"坏的"压力来思考,还不如让我们从情境要求和生活变化等角度看待。

有一些压力是最佳表现所必需的。压力过大则会让我们失控。压力不够会导致什么? 我们会觉得无聊。然而过多的压力则会抑制决策能力,削弱驾驶能力。荷兰航空公司 KLM(Haakonson,1980)发现随着压力的加大,无论是积极的还是消极的,都会导致相关事故发生概率的上升。晕机也是一种未处理好压力的结果,有来自飞行的压力和来自地面的压力源。

过多的压力和担忧会抑制决策能力,影响驾驶员的判断力和驾驶能力。对压力的不当处理会让我们视野狭隘——见解或对观点理解的狭隘。同样的,处于紧急情况下的驾驶员往往无法完全表达他们的意图。消极事件不是导致压力的唯一原因。任何偏差都会导致紧张,特别对那些看重可预测性的人,就像你自己。随着生活变化个体数的增加,卷入事故风险的概率也随之增加。发现的可能原因之一是当遇到干扰时(家庭问题、财务危机和工作伙伴的矛盾冲突时),作为一个团队,更倾向于付诸行动而不是内心思考。当你在面临飞行险情必须处理时,你应首先正确评估面临的形势。在面对家庭问题时也应如此。在适度压力下,我们都能把问题处理得最好,压力过低我们会感到无聊;压力过大,我们会被压倒,甚至会感到恐慌。

处理压力的方法实际上非常简单,但正如操作复杂机械一样,需要实践和持之以恒。压力处理无非就是适当的休息、良好的营养、规律的锻炼,以及时不时来点娱乐。虽然为了驾驶飞机参与的训练科目强度大并需要你全力以赴,但找点最新的游戏玩玩,有时让自己闲着什么也不做也是同样重要的。时间管理和积极性的思考应该是你早就掌握的技巧,就看你已经掌握了多少。如果你发现自己担忧或预测到一些糟糕的后果,给自己叫"停",然后再继续。很多时候我们想象最坏的结果,实际上是我们帮助它发生的。

不管在地面上还是在飞行,记得抽出时间来。即使驾驶喷气式飞机也有相对空闲的时间,充分利用这些时间做短暂休息。你和你最终会掌控的飞机一样,在重压之下会很快疲劳。想象一下,你驾驶一架飞机长期在 9G 重力下飞行会是什么样的结果?

要知道有些事你能够改变,而有些事情你也会无能为力。虽然你的训练和飞行生涯值得期待,但免不了会有挫折期。改变你对境遇的评价,常常比头撞南墙硬改变环境更好。放宽视野,既然渴望登顶,就要容得下山谷。

健身的价值怎么多说都不为过。飞行,虽然有时对身体要求很高,但实际上大部分时间是静态活动。众所周知,学习是静态的。试着在你开始训练前,做一些喜欢的健身运动。你们大部分人体格都非常棒。体格好是健身的辅助优势,也是飞行环境中能用得上的一种特质。每天都要安排时间做一些健身运动,哪怕只是走 30 分钟的路。很多学员在进入飞行训练课程后犯了不再坚持健身的错误。

　　睡眠问题是飞行员存在压力的第一指示器。睡眠需求将和许多其他需求发生冲突,导致你得不到适当的休息。每周早出晚归是你不得不面对的。使用宣传手册(睡眠卫生手册)上列举的技巧,确保你能获得最佳睡眠。

　　腹式呼吸或深呼吸是一种通过练习就能掌握的简单技巧。它对于使用外部供氧装置的人来说至关重要,在日常生活中也是有用的。分发腹式呼吸手册并指导练习。

　　除此之外,如同对飞机进行的检查一样,经常对自己做一些飞行前检查。

自问:

- 我吃得营养吗? 飞行中我会饿吗? 当我着陆时能吃到营养食品吗?
- 我需要上卫生间吗(有点像问一个 5 岁小孩,我们都知道通常的答案)?
- 我适当饮水了吗(听上去和上述问题有冲突)?
- 我思想上准备好去飞了吗?
- 未来我要做什么才能感觉到为飞行做了更好的准备?
- 还有什么事是在飞行前需要我注意的?
- 我睡得好吗(电池没电是无法上路的)?

你可以设计一些其他问题问自己。最好提前问自己这些问题,而不是在发生事故后,由航医问你的亲戚朋友这些问题。

谈话结束。

防晕机行为检查清单:

飞行前

- 练习腹式呼吸(见下文)。
- 每次飞行前均要吃早饭,下午飞行前要吃午饭。
- 避免:酸性食品(橘子、番茄或西柚汁),咖啡因(咖啡、茶、巧克力牛奶)，高脂食品。

- 足量饮水，保持体内水分充足。

- 保持良好的睡眠习惯。

- 不要穿紧身内衣。让你的飞行服尽可能地保持舒适(不要把尼龙粘扣扣得过紧)。

飞行过程中

- 不要忘记呼吸！比你的飞行教练呼吸得更缓和一些。以缓慢舒适的节奏运用腹式呼吸。

- 注意头部的运动。如果你需要做一个明显的转头，首先转动你的眼睛，然后再转动头部。在飞行中和地面上对此技巧多加练习。

- 如果可能，在飞行教练控制飞机时，你时刻把两个手指放在操纵杆上。这项技能能使你感觉在控制和预测飞行动作。

- 如果你的脚感觉到寒冷，扭动脚趾以促进脚趾血液循环。

- 如果你真得了晕动症，不管是否呕吐，都不要担心。许多飞行学员在开始学习飞行时都有这样的问题，继续坚持飞行就没事了。如果你坚持这么做了但还是克服不了晕动病，你的航医和航空心理学家会有其他办法来解决。晕机往往是压力和缺乏适应导致的。许多飞行学员已经运用这个技巧克服了晕动症症状，他们最终都成功地成为了真正的飞行员。即使你没有这些晕动症症状，也可以运用这些技巧提高你的操作能力。

用于压力管理的腹式呼吸

- 采用一个舒适的姿势。解开外套或飞行服，解开靴子或鞋子。

- 把手轻轻放在腹部。

- 用鼻子慢慢吸气，让空气从鼻子到腹部。这时你的腹部会扩大，同时使手向前移动(有时在镜子前练习效果更好)。

- 轻轻地屏住呼吸，保持片刻。

- 慢慢呼气(用吸气的 2~4 倍时间完成呼气)，用手按住腹部收回。

- 以缓慢舒适的节奏重复这种呼吸。当你和飞行教练一起飞行时，通过传声器听他（她）的呼吸，让自己的呼吸比他（她）稍微慢一点（这个技巧能切实有效地让你比你的飞行教练还冷静）。
- 如果你感到眩晕，只要恢复你正常的呼吸方式就可以了。

这种呼吸方式需要**练习、练习、再练习**。吸烟者可能更能体会到使用腹式呼吸带来的放松感受。

如果你确信飞行学员们主动想去飞，不再受到恐惧现象的困扰，这时是带他们去进行放松训练和脱敏训练的好时机。重点是克服问题并使他们放松。除此之外要记住：让训练正常化！

第 2 步：重建信心/重新培训

如果一个飞行学员主动或被动地晕机，并被送到航医那里，我们要通过常规化的训练使他（她）消除疑虑并再给每人一份防晕机行为检查清单。不要只是告诉他（她）有这些技巧，而要再给他（她）一份清单。这个求助的飞行学员可能部分出于抗拒心理已经把第 1 次分发的清单弄丢了或是损坏了（"我永远也不需要这个"）。

第 3 步：放松/脱敏

如果飞行学员还是晕机，就应该认真查找原因。如果你是一名航医，这可能是将他们转到当地的航空临床心理学家那里的最佳时机，如果他/她有空的话。航空临床心理学家能为这名学员安排至少 30 分钟的时间，以探讨其飞行动机、在飞行中何时开始感到难受，以及其特殊的症状。

第 4 步：行为性晕机处理

如果晕机的情况继续存在，并且出现 3 次较明显的晕机状况，就应该采取非常积极的方法和更强有力的干预手段。位于德克萨斯州的谢帕德（Sheppard）空军基地以行为性晕机处理（behavioral airsickness management，BAM）服务著称（Giles and Lochridge，1985）。该服务包含连续 3 天的旋转有晕机状况的学员，同时指导学员如何认识并及时应对症状。

建议寻求清单上所列举训练项目的飞行员穿着飞行套装或其他合适的飞行服装，以应对一些可能让人不舒服的训练过程。这些过程将严重考验飞行员的动机。你将和他们一起连续工作 3 天，应确保在工作周的前期开始。他们可能在训练之后暂时没有飞行任务，也可能在报告发出前就执行飞行任务。

第 1 天

你需要能立刻停下来的巴式旋转椅，或者一把普通结实的旋转椅，甚至也可以是儿童用的旋转木马。确保准备大量的晕机袋和随时可用的卫生间。准备一些涂黑的护目镜，用于遮盖飞行员的眼睛。准备一些物品给飞行员提供视觉刺激，如有活动指针的闹钟、有操作手柄的飞机模型、有可调指示器的假测量仪器。

当你旋转飞行员时，要严格按照下面提供的程序列表进行。如果你让对方知道，你不只是按飞行程序走过场，飞行员将得到极大的安慰。我也曾向我的已故导师 G·克雷斯·洛奇里奇博士（G. Kress Lochridge）许诺，我将尽自己全力确保人们在用这套方法时不是三心二意，不会看到这套方法失败，然后将之摈弃。执行训练的人都几近虔诚，甚至是顶礼膜拜。请正确使用这些技术，否则会影响效果。

向飞行员简单介绍第 1 次飞行

- 解释使用遮挡视线护目镜的原因（用于减少视觉刺激，有助于将注意力集中在身体/症状上）。

- 演示操控：

  左、右副翼滚动（控制住 30 秒）。飞行员倾斜整个身体。

  左、右转动。飞行员只转动头部。向前俯冲翻圈。飞行员向前倾整个身体。

- 解释 1～10 等级：

  1～4 级能正常飞行；

  5～7 级需要直线平飞；

8～9 级需要教练飞行员接管操纵杆；

10 级严重晕机。

- 向飞行员强调注意身体反应的重要性。教他们区分发生呕吐前的各种晕机症状。这些症状包括头晕、出汗、唾液分泌，或者是该飞行员特有的症状。

第 1 次旋转（第 1 天）

每 2 秒旋转 1 圈／每分钟旋转 30 圈。

- 让飞行员戴上涂黑的护目镜，并要求他们不断评估自己在等级表上所处的等级。询问他们头部、胃部等的症状。
- 让飞行员花 2～4 分钟来适应运动刺激（时间长短视其在等级表上的等级）。
- 2～4 分钟后（假定他们在等级表上的等级低于 4 级），让他们做 3～4 次演练。
- 实施一次突然着陆。
- 让飞行员休息 5～10 分钟，洗把脸，清理干净，并扔掉呕吐袋（如果需要的话）。

第 2 次旋转（第 1 天）

- 向反方向旋转。
- 这次不戴护目镜。
- 10 分钟或者直至飞行员发生呕吐。
- 鼓励飞行员环顾房间四周（以验证视觉刺激的影响）。
- 要求飞行员做些操控。
- 呕吐后，让他们休息一下，清理干净后回来。
- 指导他们采用腹式呼吸，并要求他们练习这种呼吸方法。强调腹式呼吸能够降低交感神经系统的紧张反应。
- 鼓励他们能够自己对付这些症状甚至能控制这些症状，可能感到恶心但是不会呕吐。

第 3 次旋转（第 1 天）

- 10 分钟或更短。

- 鼓励他们试图保持控制——如果需要就使用腹式呼吸。
- 要求他们在 1~10 级别上做自我评估，按照要求，做 1~2 次演练。
- 慢慢引导他们"降落"（倒数并逐步引导他们）。

第 2 天

- 解释并训练"突放降落"技术（飞行员同时收缩所有骨骼肌，并保持 5~10 秒），然后在使用腹式呼吸（减轻交感神经紧张反应）时迅速放松这些肌肉。指导飞行员在训练过程中使用全部步骤，如果要修改，仅为了确保这些肌肉在飞行中处于最放松的状态。

第 1 次旋转（第 2 天）

- 10 分钟。
- 要求飞行员做 4 次演练。
- 给飞行员很多指导/正面的鼓励。
- 提醒他们要"降下来"。

第 2 次旋转（第 2 天）

- 10 分钟。

开始视觉训练。

指导飞行员把注意力集中在飞机前部；睁开眼睛继续目前的身体摆动，在他们心目中形成一个画面并把它说出来（映像记忆）。向飞行员展示飞行中可能遇到的紧急情况，并要求他们阅读检查列表相关内容。

第 3 天

- 在他们显而易见的动机上打击他们，因为事实证明他们乐意坚持这种紧张激烈的训练。

第 1 次旋转（第 3 天）

- 10 分钟。
- 要求他们做 4 次演练——按照他们自己的节奏。
- 不给任何指导。

毕业旋转

- 解释教练机一般下降速度在 550 英尺*/秒,因此,从典型升限 25 000英尺到海平面需要 2 分钟。

- 以每秒 1 圈/每分钟 60 圈的速度旋转 3 分钟。

- 保持平直飞行(不做操控)。

- 突然停止旋转,并要求他们凭记忆复述旋转还原的过程。

- 如果他们是飞行学员,他们会在第 1 次单飞时把自己的玻璃眼罩交给你。如果他们是受训过的飞行员,他们会告诉你不受晕机困扰飞行的重要性。

案例

一名飞行学员被判定为疑似眩晕发作。体检结果表明其症状没有病理基础,他的表现更像晕机症状。于是他被转诊到心理专家那里评估其飞行动机。该飞行学员表示,如果他不能重新进行飞行训练,那如同对他判了死刑。他解释说,他的家庭,包括父母和妻子,都支持他去飞,因为他们知道飞行对他有多重要。评估结果表明其有高度动机去飞行。他被指导使用腹式呼吸和正确地转动头部,学会了压力处理技术。他同时还获得了一个 5 盒录音带的飞行脱敏课程,该课程强调的是如何应对飞行环境。此外,他还通过巴氏旋转椅进行了运动刺激体验,实时地应用了他已经学会的技能。他被送回了他所在的单位,并指令一位飞行教练和他同飞一段时间。5 个月后,这位飞行学员告诉我们他已经成功克服了晕机,然后被重新安排进行喷气机升级训练,最终以全班第一的成绩毕业。

---

* 1 英尺＝0.304 米

12 担任空难事故调查委员会咨询顾问

事故与意外

美国空军在发生人员或物资重大损失后会成立两个调查委员会。一个是"安全调查委员会"（Safety Investigation Board，SIB），关注灾难事件即"事故"，其目的在于找到导致悲剧发生的原因以便在未来避免类似的事件发生。另外一个委员会，经常被称为"附属委员会"或"事故委员会"，成立的目的在于保全证据。SIB经常由包括事故有关人员在内的一些个体组成，在距离发生事故地点最近的美国空军基地成立。安全调查委员会拥有调查的特权，授予证人证词的机密性。而且，证人的证词不对事故委员会或安全委员会以外的人公开（按联邦法律，这些信息只能用于对未来事故的防范）。两个委员会中均有一名航医成员，该航医可以与委员会主席（由上校或更高军衔者担任）协商，要求有一名人为因素方面的专家担任委员会的顾问。

"人为因素"顾问的作用

人为因素是大部分空难的罪魁祸首，其中包括在这些事故中人为操控者没有引发事故但也没有阻止事故发生。美国空军越来越多地考虑维护因素方面的影响和个体文化氛围。例如,该机组是强调完成任务全然不顾其中隐含的风险,还是飞行安全高于一切,以至于经常影响任务的完成?毫无疑问,大部分机组都介于这两种极端之间。

不应低估人为因素专家对安全调查委员会的潜在贡献。受过专业训练并能正确评价群体过程的人为因素专家,能够帮助安全调查委员会获得有效的结论。例如,正确评价基础概率是一种未经训练的人员无法轻易示范的技能。换句话说,不能因为某人尚未失事,就认为不需更进一步强调安全性。

当你在给委员会做咨询时,作为一名顾问你可能需要向委员会成员阐述你自己所担负的角色,告诉他们你的技能和你的局限性。委员会成员形形色色,你要灵活应对,并适时做出一些改变。委员会对人为因素专家服务的需求取决于委员会成员的个性特点、成员的变化情况、事故所涉及人为因素的范围,以及航医的兴趣和能力。

成为一名优秀的顾问固然重要,但做一名表现突出的军官(如果适当的话)或团队成员同样重要。多多关注风俗习惯和礼节、礼貌。任何一个会议都要准时到场,如果可能迟到或缺席会议,应提前与委员会主席沟通。

数据采集

做好随时开始工作的准备,但请保持谨慎。你可能会受到诱惑,需要立即展示你的专业技能,但不要这样做!今后你还有机会。要收集信息、询问问题。委员会中的机组人员并不指望你对飞行样样皆知。这不是他们邀请你的原因。他们知道事故的部分,你出现在那里是要提供你的专业知识。

失事地点

如有可能,实地考察失事现场。考虑和幸存的机组人员、航医,甚至另外一名委员会成员一起去现场。这也许不需要你投入太多,但是将有助于你看到事故全貌。当你考察失事现场时，不要接触任何物品，因为那样你可能破坏易损的证据或使自己受伤。险情还包括尖锐物体、逃生装置、未爆弹药和有毒物品。

遗骸处理

你可能有机会在失事现场或验尸房参加验尸、查看死者的照片，也可以聆听失事前和失事过程中驾驶员座舱的录音。不要低估这些材料可能对你和其他人情感上的影响。仔细思考这些东西存放在哪里供人检视。委员会通常会把有人体残骸和无人体残骸的照片分开存放。

数据分析

要非常注意区分观点和事实。要不了多久，就难以将人们知道的真实情况从他们的猜测中区分开来。许多委员会使用三栏表格：

（1）我们知道什么	（2）我们相信什么	（3）我们需要发现什么

不要忘记你在假定测试、数据分析和解释等方面接受的训练。你在做简单统计方面所受的培训将会非常有用。不能让委员会犯推论错误。委员会试图从低的、基础概率的事件中获得一般性结论。例如，有人没有失事，并不意味着他们的飞行是安全的。有些事情虽是小概率事件，但不意味着不会发生。

寻求咨询

如果遇到你的专业知识无法解决的问题，不妨向其他人咨询这方面的问题。向董事会主席或其他相关的权威人士说清你的问题，相信他们会帮助你理清问题，并建议你去找哪类保密和特权条款去读给你的顾问听。久而久之，你将建立起你的专家网；记住要保留他们的联系方式以便在未来向他们寻求帮助。向你的专家们咨询特定问题时，要有技巧地要求他们不要对你问的问题下结论，也不要和其他人讨论你们交流的内容。

委员会的活力

委员会这一团体的活力可以很强。每个人都身负重压而疲惫不堪，大家都是为了搞清问题在哪里及如何解决问题这一目的而走到一起。有时情绪激昂，尤其是身陷不幸时更甚。委员会中有人陷入情绪无法自拔时，其他委员应选择避免与之发生冲突。帮助团队处理冲突，同时要注意你自己在冲突中的反应。你可以对委员会成员运用少许的人为因素评估。但无论如何，该团队是十分聪明的。处理问题有外交策略，而且特别耐心。当你把自己看作教育者时，你的工作将十分高效（参考前面的章节"说话的艺术"）。

其他角色

随着时间的推移，由于你在逻辑、写作、综合处理复杂情况以及总结等方面的突出表现，你可能会成为委员会主席值得信任的朋友。但无论如何你要记住，你和这个委员会的主要关联是通过航医实现的。同样，你能够运用你的技能去帮助团队处理工作，但你并不是那里的临床医学家或正式员工。你将有机会观察和影响团队的工作，乃至每个成员的情况。委员会成员面临着多重压力：失事现场、残骸、幸存者、受伤的机组人员、照片、失事过程中驾驶员座舱的录音，甚至可能是"一个好飞行员深受困扰"这样的说法。聆听他们对此的说法。

如果在调查工作末期你还留在团队里，建议你装作一个傻傻的听众，并对主席的简报仔细研究。扮作听众给主席提出一些尖锐的问题，使得他在真正面对提问者前有所练习。不要低估角色扮演的价值，但要认真地"练习"。记住，飞行员天生注重计划。

访谈失事飞机机组成员和领导

向被访问者介绍你自己。记得让被访问者阅读所有的咨询报告。通常情况下，有效的访谈对委员会至关重要，但目击者的信息可能已经被"污染"。要意识到生还的机组成员可能从来没有机会"讲述他们自己的故事"。你鼓励他说出来，并且不打断他的谈话，这可能会得到有效的新信息，同时也有利于恢复其精神创伤。要精心筹划访谈。确定哪些信息需要收集，哪些人需要访谈，需要问哪些问题，由谁来主持访谈，让谁参与访谈。委员们可能意识不到你的专业技术对成功访谈的重要性——那就展现给他们看。帮助委员们准备他们的访谈材料，并给他们上一堂如何有效访谈的应急课程。重点在于与被访问者建立友好关系，提出开放式问题、接下来的问题，以及非引导性问题。建议参与访谈的人不超过两个，其他人可以通过录音来了解访谈内容。重要的访谈内容可以进行转录，剩下的内容简单地摘要，因此，做笔记能够节约时间，提高效率。要求对重要访谈内容进行转录。如果你一个人完成了一个重要访谈，你应建议委员会成员，如航医（如果你是个心理学家）听一听访谈录音。

录音之前需获许可。如果你在安全委员会和事故委员会获得的授权有所不同，你必须让访谈者了解。得到认可后才能开始录音，录音开始要宣读访谈人和访谈时间。访谈结束时同样要宣读与这个人的访谈到此结束。

访谈时应询问接受访谈者认识哪些机组人员，和谁一起工作，如何认识其同事的，这样你将了解有多少人、哪些人你需要询问。

另一种组织访谈的方法是以一般性问题开始（如"告诉我……"），然后逐步深入细节。访谈途径有很多，这种方法需要记笔记，或是需要有超强的记忆力。让被访谈者使用你提供的飞机模型来辅助说明，但要确保他们是为录音带描述的。

背景问题

你在飞行中队的职位是什么？

你们机务人员的资质是什么？

你在这里多久了？

你在这个单位或者那个单位从事飞行职业多久了？

以前分配给你的任务是什么？

你觉得你跟同事（空乘人员）的关系怎么样？

你对你的同事（空乘人员）了解吗？

你认识你的同事（空乘人员）多久了？

你曾经和他（她）一起飞行过吗？

　　什么时候？

　　多久一次？

　　在什么状态下？

　　什么类型的任务？

人格与人际风格

你觉得你的同事（空乘人员）怎么样？

你觉得他（她）个性如何？

你觉得他（她）和中队里其他人的关系如何？

他（她）与其他同事相处时是不是显得武断？

［例如，他（她）是愿意听解释，还是愿意听反驳；他（她）是专制且好争辩的，还是具有合作和团队意识的；他（她）是傲慢和自以为是的，还是愿意倾听和考虑他人意见的？］

个人生活事件

机组成员谈论什么样的工作需求？飞行与其他职责相比如何？

在谈及家庭和人际关系时，机组成员是如何谈论的？

他（她）在这个组织中和人生中未来的目标是什么？

你的生活节奏如何？你觉得你的生活节奏具有代表性吗？

你所在的中队有什么样的额外任务？

中队的休假制度如何，流于形式还是真正落实？

在专业军事教育和利用业余时间的教育中哪些是重点？

这些重点对于你在组织中取得进步有何帮助？

生理学

他（她）有哪些健身习惯？

他（她）关注自己的健康吗？

他（她）有吸烟或饮酒的习惯吗？

你会如何描述他（她）在中队聚会上的表现？

飞行技能/导航技能/系统知识/习惯模式

你对他（她）的飞行技能和系统知识怎么看？

他（她）作为一名飞行员最大的优点是什么？作为一名指挥官最大的优点是什么？

你会在哪些方面建议他（她）进行改进或提高？

他（她）最喜欢飞行任务的哪些环节（方面）？

你觉得他（她）作为飞行员在纪律性和判断力等方面的素质如何？

你和你的机组成员是否遭遇过飞行过程中的险情或事故？

发生了什么？

他（她）和机组成员是如何处置的？

结果如何？

你的同事在与其他机组成员一起执行任务时是如何实施计划和介绍任务的？

执行的是何种任务？

有什么特别细节吗？诸如夜间、地形、障碍物？

结果如何？

同事们是如何分工的？

经验丰富和经验缺乏的同事之间如何进行职责分配？

你们机组成员是怎样的？

他（她）管理机组的风格是怎样的？（他是集权管理还是分权管理？他是否过度分权？）

驾驶舱内氛围如何？

机组成员在驾驶舱内交流时采取哪种形式？

他在交流过程中是否接受他人的意见并反馈自己的想法？

他是如何解决问题和提出问题的？

你认为你们的机组成员是任务黑客吗？以何种方式？

你看到他(她)在什么情况下曲解规则或是走捷径？

他(她)对中队和联队制度持什么样的态度？

你是如何看待这些制度的？

这个中队(联队)与他(她)以前所在的部队有何不同？

中队机制

中队的安全政策如何,是流于形式还是落到实处？

你如何看待该中队(联队)的风险评估(风险管理)程序？

对制度和标准程序大家的看法如何？

拒绝执行中队任务结果会怎样？对个人会怎样？

提高对安全的关注有什么样的结果？

你曾经拒绝执行任务吗？如果是,结果会怎样？

完成任务过程中你感受到何种压力？

你觉得你们中队(联队)在经验方面综合水平如何？

你如何看待中队的飞行计划设施？中队里和飞机上有没有配备充足的电子版/手写版指南和图表？

你如何看这个中队(联队)与飞行职责有关的训练科目？

你觉得你是否已经充分准备好了并经过了足够的训练来面对你可能被要求执行的任务？如果你觉得准备好了,是由于训练的原因,还是因为自身经验和主动性的原因。

你对CRM持何种态度？

你的操作速度如何？

这会如何影响你和你中队的同事？

这方面与过去的任务或者与几年前的任务相比较如何？

准备与简介

机组成员对此次任务的准备情况你了解多少？

他们对待此次任务的态度如何？

他对于其他机组成员有什么不得不说的话吗？

如果让你准备这次行动，你会怎么做？

计划此次行动时，什么是需要重点强调的？

你如何分配你的时间？

你会去检查或收集哪些电子出版物/辅助设备？

事故飞行中队数据收集

导致灾难发生事件的时间表；

计时标记；

不利的信息文件；

其他责任人名册；

中队任务分配日志；

请假记录和处理声明；

查看近 6 个月所有人员的临时任务；

总计 30/60/90 次飞行和最近一次夜间飞行；

该联队事故记录；

个人日程表复件；

授权/指派人员名单。

领导层问题

在他们被分配到该机组前，中队和（或）联队是否有责任帮助他们回顾和（或）认同应对的使命？

组建该机组的标准是什么？

完成任务面临什么样的挑战？有哪些相互冲突的任务？

要求变更或拒绝执行任务的可能原因是什么？

哪些任务被下达给了哪些人？

计划此次任务时，有哪些竞争优势？

人员配置、经验和训练

你感觉该联队经验水平如何？

你如何追踪它？

能否给我演示一下你使用的工具？

你关注过全部的配置或训练水平吗？

如果关注过，是否能拿到有关材料？

你如何评价你所接受的训练科目的质量？

你如何评价改进的优势和空间？

你如何在确保安全和完成任务之间保持平衡？

操作风险管理的执行状态如何？

你想向中队传递什么样的信息？（如：因能力有限而拒绝执行任务；指导新飞行员；个人承担风险/风险评估/风险管理）

拒绝执行任务的后果是什么？

不执行标准操作程序（SOP）的后果是什么？

走捷径的后果是什么？

选择和组建机组的标准是什么？

为指定任务选择机组人员应遵循什么质量控制程序？

针对任务计划的质量控制手段是什么？

注释

这些问题是为多种机型设计的，根据实际情况可作适当调整，如将"机组"换成"中队/飞行同伴"和"僚机驾驶员"用于单座飞机。

术语汇编

　　心理学家,尤其是刚刚涉猎航空领域的人员,常会发现他们由于不了解飞行员,尤其是军事飞行员的俚语(术语)而使工作无法顺利开展。虽然避免说心理学专业术语十分重要,然而与之几乎同样重要的是在你完全领会这些术语的意思以及上下文语境之前,不要使用这些术语。

A/A—空对空

A/G—空对地

AAA—3 个 A,高射炮(也称 flack)

AC—飞机机长

ACE—空对空考核中得 5 分或以上的战斗机飞行员

ACES II—新理念逃逸系统(新设想的弹射椅)

ACM—空战模式

ACMI—空战机动仪表设备;空战演练检验仪

ACRO—特技飞行

"ACROSS THE POND"—飞越大西洋、太平洋等

ACTION—发起一个简明攻击序列或机动命令(根据几何学)

ADI—姿态指向仪

ADIZ—防空识别区

ADVERSARY—在空对空训练中,作为对手的一组机组人员或一架飞机

AGGRESSOR—飞行员按敌方战术接受训练,因此可在实战演练中扮演"敌机"

AGL—地平面以上

AGM—空对地导弹

ANGLE OFF—从截击机方 6 点钟方向测得的截击机航线和攻击机航线夹角

AOA—攻击角,仰角

ASPECT ANGLE—目标进入角。从截击机 6 点钟方向测得的截击机纵轴和攻击机所处位置的夹角

ATC—空中交通管制

ATO—空战命令,开战第 1 天的命令

AT ZERO—有一架敌军飞机尾随在后(6 点钟方向)

AUGER IN—飞机坠毁,尤其指大攻角和高速的情况下坠毁(也是"飞行员酒吧"的俗称)

AWACS—机载警戒和控制系统(又称"Ear Wax")

BAILOUT—弹射。事先安排好第 3 个跳伞的人(BAILOUT3)

BANDIT—已知的敌方飞机和武器装配

BDA—轰炸效果判定

BFM—基本野战手册

BINGO—妨碍继续安全完成现有任务的燃油量

BLIND—失去目视联系

BLOW THROUGH—指令/通知呼叫飞机,指示飞机继续高速飞行,不要转向目标

BOGEY—无法辨认身份的飞机

BREAK TURN—急转弯(可以通过向攻击机进行最大动作量的急转弯,使其冲到自己的前半球,而且越远越好,这样就可以阻止其进入跟踪区域,同时也可以破坏其快速射击的可能)

BREAK(UP/DOWN/RIGHT/LEFT)—指令呼叫按照所指示的方向立刻紧急转弯

BUBBLE HEAD—F-16战斗机飞行员

BUGOUT—撤离,逃跑;作战撤离,目的在于永久性脱离某种特殊交战或进攻的情况

BUY THE FARM—在行动中死亡

BVR—超视距

CAS—近距离空中支援

CELL—两架及两架以上空中加油飞机/轰炸机编队飞行

CHAFF—电子对抗措施雷达反射箔片

CHECK SIX—检查一下6点钟方向

CLEAR(ED)—授权执行动作

CLEARED DRY—不要投弹

CLEARED HOT—投弹;平时,用于靶场控制官(RCO);战时,用于前方空中控制官(FAC)

COMEBACK HIGH/LOW/LEFT/RIGHT—要求相关战斗机视情况改变位置

COME OFF LEFT/RIGHT—在攻击后调转方向从而重新获得相互支援

DEFENDER—截击机,任何型号的飞机

DEFENSIVE TURN—基本防御性机动用以阻止攻击机处在射击位置。其强度由攻击角、射程和攻击机距离决定

DEPLOY—开始飞行的指令;接敌战术;下达进入阵位的简令

DG—局长,总长

DNIF—不包括飞行的任务。医学停飞—(酗酒,对飞行不感兴趣)

DSO—防守系统军官

DT—俯冲投弹

ECM—电子对抗

ECCM—电子反对抗

EGRESS—应急全球救援,逃生与生存系统

ELEMENT—由2架飞机组成的飞行小队

ENGAGED—交战。表示飞机或飞行小队进行机动以获得或丧失投弹参数或相对目标在可视范围内机动。使敌机(动向)可以预见

EOD—爆炸品处理

EOR—跑道末端

ETA—预计抵达时间

EW—电子战

EWO—电子战军官

EXPEDITE—尽快(俚语:把它推上去)

EXTEND LEFT/RIGHT—为了重新进入战斗使用最合适的能线图来获得能量或延长飞行距离

FAC—空中前进控制员

FALCON—F-16,"草地飞镖""电弹射""响尾蛇"

FCF—功能性检验飞行

FCP—前方指挥所

FEBA—战区前沿

FENCE—代表火力控制/火力,发射器,导航设备,通信和电子对抗的名字。也可代表区分敌军和友军的界限

FEZ—战斗机攻击区

FLARE—释放出以迷惑红外制导导弹的迷惑物

FLIR—前视红外雷达

FLOT—我部前沿

FOD—外来物损伤

FRAG—简令[飞行联队或中队的任务

命令(如,"偷袭"指做你被告知的事)]

FSO—航医办公室(避开)—飞行安全军官(的地方)

FUR BALLS—多架飞机混战时的混乱

GCI—地面控制截击雷达

GLOC—过载至意识丧失

GOO—坏天气

GIVE IT BACK TO THE TAX PAYERS—弹射

GRAPE—非机动敌机(由于糊涂或缺乏能量)

GS—地速(飞机)

GUNS—空对空或空对地射击

HAHO—高空投下空中开伞

HALO—高空投下低空开伞

HARD TURN—飞机仍保持能量状态的最大转弯

HAWK —鹰式防空导弹
　　　—隼式导弹

HIGH ANGLE GUNSHOT—在高射界设计,高射界位置不能保持追踪。也被称为"快速射击"

HOSTILE—根据交战规则确定为敌方的飞机或雷达回波

HOUND DOG—请求接战许可。僚机和掌机的通话呼叫,要求从支援位置到作战位置。这意味着发现目标、可见目标并且处于有利位置进行战斗

HSI—水平位置指示器

HUD—平视显示器

IAW—根据……

ICS—内部通信系统

IFF/SIF—敌我识别/选择识别特征

IFR—仪表飞行规则

ILS—仪表着陆系统

IMC—仪表飞行气象条件(恶劣天气及浓雾)

IN THE SOUP—在恶劣天气中飞行

INS—国内导航系统

IP—飞行教练(不一定是"确诊病人")

IR—红外线

JAAT—联合空中攻击小队

JAFO—初级代理校官

JINK—出人意料的机动旨在破坏对方火炮瞄准

JOKER—提示时预设的燃油存量值,到达此油量时必须中止任务返回基地(此油量设定值包含了紧急情况处置及需另转降外场所留存的油量)

KCAS—以节为单位的空中速度

KIAS—以节表示的空中速度

KTAS—以节计的真空中速度

KICK‐HIM‐OUT—正遭到攻击的飞机要求加大对攻击机的进入夹角/攻击角。通常用于2名机组人员之间的通话,以盯住目标

KNOCK‐IT‐OFF—结束现在所有作战飞行姿态

LANA—低空夜间攻击

LANTIRN—低空夜间红外导航系统

LATF—低空战术编队

LATN—低空战术导航:不管事先有无飞行计划,采用各种航位推测方法和点对点低空导航进行低空训练

LEAD PURSUIT—攻击机瞬时的航迹矢量或在截击机机头前方

LETHAL ENVELOPE—飞机性能的极限数据,在极限范围内,可成功使用某种武器的各种数据

LIFE VECTOR—生命矢量。飞机的总价速度矢量,贯穿与飞机机翼成直角的机体中央

LIFT—引入战斗机训练机/训练

LOS RATE—视线角速率

LOWAT—低空空对空训练

LUFBERY—势均力敌的战斗,无人占优势

MDA—最低下降高度

MERGE—雷达回波相交或在高视角情况下遇见两架或两架以上飞机

MIL—军事力量

MILK RUN—一次太平无事、容易的战斗飞行

MQT—飞行任务合格训练

MR—任务准备就绪

MS—管理与支援

MSA—最低安全高度

MSL—平均海平面

NM—海里

NO JOY—非目视不明国籍飞机/敌机。发现目标飞机的反义词

NOTMAS—或应为 NOTAM，意为通知飞行员

NVG—夜视镜

OAA—往外和绕道飞行

OFF HIGH/LOW/LEFT/RIGHT—攻击已结束，飞机按规定复位

OSO—进攻性武器系统军官

OTL—心不在焉

OVERSHOOT—攻击机被迫处于拦截机飞行路径的外侧或在它前方 3/9 方位处，或两种情况都是

P³—蹩脚的，体质不佳且不适飞的飞行员

PADLOCK—我看见/发现目标飞机，但无法转移视线以免目标丢失

PAX—乘员

PICKLE—空投武器，按下发射键来投弹

PIREPS—飞行员天气报告

PIROUETTE—垂直变换飞行姿态

PITCHBACK LEFT/RIGHT—呼叫飞行员执行与原来飞行位置相反的机头朝上(仰飞)要求

PK—击落概率

PLAYERS—参加战斗的所有飞机(友军及敌军)

POP—着手传输数据

POPEYE—在云中或低能见度的地区飞行

POSITION/SAY POSIT—一个询问"你在哪儿?"的问题；通常机组人员询问"你在我的相对什么位置?"

PRESS—持续攻击，所有飞机都在我的视野中，我在支援的位置

PUCKER FACTOR—机组人员所经历的焦虑程度

PULLDOWN—开始进入高度

PUNCH OUT—弹射，也可指在晚上回家、到新的任务驻地、退休

RECCE—侦察机

RF—无线电频率，射频

ROE—交战规则

ROGER—我已收到你的来电。并非表示服从(缩写为 ROG)

RON—过夜、留宿(通常是好事)

ROZ—限制飞行地带

RTB—返回基地

RTU—补充兵员训练小队

SAFE AREA—经过选择可撤退的安全地区

SAM—水面(或地)对空导弹

SANDWICH—当一架飞机或分队发现其处于敌方飞机/分队之间的情况

SAR—搜救和营救

SAT—水面进攻战术

SCAR—打击控制与侦查

SCRAMBLE ORDER—紧急起飞命令，要求(战术)飞行小队确定立即起飞时间的命令

SD—空间定向障碍

SEAD—压制敌方防空系统

SEPARATE—散开队形，由于丧失有利时机、寡不敌众或局势发生变化等原因而撤出战斗。和匆忙撤退有点类似，但不一定是永久撤离

SEQUENTIAL ATTACK—由于另一架飞机处于更加有利的击落敌机的位置,交换交战或支援战斗机位置

SHACK—在靶场—在 27 英尺范围内命中(同样也指完全正确,可用来表示同意)

SHOOTER—指定进行空对空射击的飞机

SID—标准仪表偏离

SIERRA HOTEL—十分精通,干得好(用来形容最优秀飞行员的术语)

SLICEBACK—最高限度下的最大性能转弯,机头低于水平下,与飞行路径方向相反的同时保持机动态势

SNAP SHOT—高攻角或从机旁掠过的炮弹,时间不够长而无法追踪(在无线电中称"SNAP")

SOBs—机上人数

SOF—飞行监督官

SOP—标准作业程序

SPIT OUT—无意识地退出交战

SPLASH—导弹飞行时间已过或炸弹已将特定目标摧毁

SPLIT—飞机队形散开或正在散开;下达飞行机动瞄准多个目标的命令

STATUS—询问飞行同伴战术态势;所做的应答有:"不确定""进攻姿态"或"防守姿态"

STOP—战略盘旋点

SUPPORTING—战斗机前往支援正在交战中的战斗机

SWITCH—停止攻击一个目标转而攻击另一个

TA—训练区域

TALLY HO—看到目标

"TANGO UNIFORM"—"呼叫",坏了

TARF—教练机,攻击机,侦察机,战斗机

TARGET RICH ENVIRONMENT—比条例规定更多的目标

TDY—临时任务(离开永久驻地,通常是件好事)

TGT—目标(通常在地面上)
　　　—意味着变化(永远是三角形的;即,"不要做蠢事而杀伤自己")

TOT——致开火事件

TR(s)—训练规定

TRACKING—在用枪时保持对空中目标的瞄准指数

TESM—打开安全逃生演习(以避免被杀伤,降低受伤危险)

TTB—运油飞机、运输机、轰炸机

TTG—发射时间

TUMBLEWEED—无记录、不可视、无线索

TURN AND BURN—快速服务一架飞机并使其快速起飞(又称为"热返回")

TX—训练

UNABLE—无法遵循命令

UNKNOWN—缺少信息;例如,一个未识别的目标

UPT/UHT/UNT—飞行员/直升机/驾驶员训练学员

VFR—目视飞行规则

VID—视觉识别

VISUAL—友军可视。与不可视(blind)相反

VMC—目视气象条件

WC—武器控制器

WILCO—遵循命令

WINCHESTER—无军备剩余

WIRE—发射角度(即 10、20、30、45)

WIZZO—武器系统军官,又称"在后座的人"、"GIBS"(在后座的家伙)、训练有素的熊

WOXOF—天气遮挡,能见度为零

WX—天气

ZOOMIE—"毕业生","动物园"(美国空军学院)的毕业生

参考文献

1. Adams, R. R. & Jones, D. R. (1987). The Healthy Motivation to Fly: No Psychiatric Diagnosis. Aviation, Space, and Environmental Medicine, 58, 350-354.

2. American Psychiatric Association. (1991). Diagnostic and statistical manual of mental disorders. (4thed.). Washington, DC: Author.

3. Ashman, A. & Telfer, R. (1983) Personality profiles of pilots. Aviation, Space, and Environmental Medicine, 54, 940 - 943.

4. Brown, J. D. & McGill, K. L. (1989). The cost of good fortune: when positive life events produce negative health consequences. Journal of Personality and Social Psychology, 57, 1103 - 1110.

5. Butcher, J. N. (1980). The role of crisis intervention in an airport disaster plan. Aviation, Space, and Environmental Medicine, 51, 1260 - 1262.

6. Carretta, T. R., Retzlaff, P. D., Callister, J. D., & King, R. E. (1998). A comparison of two U. S. Air Force Pilot Aptitude Tests. Aviation, Space, and Environmental Medicine, 69, 931 - 935.

7. Chidester, T. R., Helmreich, R. L., Gregorich, S. E., & Geis, C. E. (1991). Pilot personality and crew coordination: Implications for training and selection. The International Journal of Aviation Psychology, 1, 25 - 44.

8. Costa, P. T., & McCrae, R. R. (1992). Professional manual: Revised NEO Personality Inventory (NEO PI - R) and NEO Five-Factor Inventory (NEO-FFI). Odessa, FL: Psychological Assessment Resources, Inc.

9. Dockeray, F. C. & Isaacs S. (1921). Psychological research in aviation in Italy, France, England, and the American Expeditionary Forces. Journal of Comparative Psychology, 1, 115 - 148.

10. Ewing, J. A. (1984). Detecting alcoholism: The CAGE Questionnaire. Journal

of the American Medical Association, 252, 1905 – 1907.

11. Fine, P. M. , &- Hartman, B. O. (1968). Psychiatric strengths and weaknesses of typical Air Force pilots, SAM-TR-68 – 121.

12. Folstein, M. D. &- Luria, R. (1973). Reliability, validity and clinical application of the visual analogue mood scale. Psychophysiology, 3, 479 – 486.

13. Giles, D. A. , &- Lochridge, G. K. (1985). Behavioral airsickness management program for students pilots. Aviation, Space, and Environmental Medicine, 56, 991 – 994.

14. Haakonson, N. H. (1980). Investigation of life changes as a contributing factor in aircraft accidents: a prospectus. Aviation, Space, and Environmental Medicine, 51. 981 – 988.

15. Halpern, D. F. (1992). Sex differences in cognitive abilities (2nded.). Hillsdale, New Jersey: Lawrence Erlbaum Associates.

16. Helmreich, R. L. , Sawin, L. L. , &- Carsrud, A. L. (1986). The honeymoon effect in job performance: Temporal increases in the predictive power of achievement motivation. Journal of Applied Psychology, 71, 185 – 188.

17. Hoddes, E. , Zarcone. V. , Smythe, H. , Phillips, R. , &- Dement, W. C. (1975). Quantification of Sleepiness: A new approach. Psychophysiology, 10, 431 – 436.

18. Houston, R. C. (1988). Pilot personnel selection. In SG Cole &- RG Demarae (Eds.), Applications of Interactionist Psychology: Essays in Honor of Saul B. Sells. Hillsdale, NJ: Lawrence Erlbaum.

19. Hunter, D. R. &- Burke, E. F. (1995). Handbook of Pilot Selection. Brookfield, VT: Ashgate.

20. Jackson, D. N. (1984). Multidimensional Aptitude Battery manual. Ontario, Canada: Research Psychologists Press, Inc.

21. Jones, D. R. (1983). Psychiatric assessment of female fliers at the U. S. Air Force School of Aerospace Medicine (USAFSAM), Aviation, Space, and Environmental Medicine,54. 929 – 931.

22. Jones. D. R. (1985). Secondary disaster victims: the emotional effects of recovering and identifying human remains. American Journal of Psychiatry, 142, 303 – 307.

23. Kay, G. G. (1995). CogScreen Aeromedical Edition professional manual. Odessa, FL: Psychological Assessment Resources, Inc.

24. King. R. E. &- Lochridge, G. K. (1991). Flight psychology at Sheppard Air Force Base. Aviation, Space, and Environmental Medicine, 62, 1185 – 1188.

25. King, R. E. (1994). Assessing aviators for personality pathology with the Millon Clinical Multiaxial Inventory (MCMI). Aviation, Space, and Environmental Medicine, 65, 227 – 231.

26. King，R. E. & Flynn，C. F. (1995). Defining and measuring the "right stuff；" Neuropsychiatrically Enhanced Flight Screening (N-EFS). Aviation，Space，and Environmental Medicine，66，951 – 956.

27. King，R. E.，McGlohn，S. E.，& Retzlaff，P. D. (1997). Female United States Air Force pilot personality：The new right stuff. Military Medicine，162，695 – 697.

28. Klein，K. E.，Wegmann，H. M.，Athanassenas，G.，Hohlweck，H.，& Kuklinski，P. (1976). Air operations and circadian performance rhythms. Aviation，Space，and Environmental Medicine，47，221 – 230.

29. Lyons，T. J. (1991). Women in the military cockpit，AL-TR-1991 – 0068. Washington，DC：U. S. Government Printing Office.

30. McGlohn，S. E.，King，R. E.，Butler. J. W.，& Retzlaff，P. D. (1997). Female United States Air Force (USAF) pilots：Themes，challenges，and possible solutions. Aviation，Space，and Environmental Medicine，68，132 – 136.

31. McNair D.，Lorr，M.，& Droppelman，L. (1975). EDITS manual for the Profile of Mood States. San Diego：Educational and Industrial Testing Service.

32. Mills，J. G. & Jones，D. R. (1984). The adaptability rating for military aeronautics：an historical perspective of a continuing problem. Aviation，Space，and Environmental Medicine，55. 558 – 562.

33. Novello，J. R.，& Youssef，Z. I. (1974). Psycho-Social studies in general aviation：Ⅱ. Personality profile of female pilots. Aerospace Medicine，45，630 – 633.

34. Picano，J. J. (1991). Personality types among experienced military pilots. Aviation，Space，and Environmental Medicine 1991，62：517 – 520.

35. Reinhart，R. F. (1970). The outstanding jet pilot. American Journal of Psychiatry，Dec，32 – 36.

36. Retzlaff，P. D.，Callister，J. D.，& King，R. E. (1997). The Armstrong Laboratory Aviation Personality Survey (ALAPS)：Norming and cross-validation (AL/AO-TR-1997 – 0099). Washington，DC：Government Printing Office.

37. Retzlaff，P. D.，King，R. E.，& Callister，J. D. (1995a). Comparison of a computerized version of the paper/pencil Version of the Multidimensional Aptitude Battery (MAB) (AL/AO TR-1995 – 0121) Washington，DC：U. S. Government Printing Office.

38. Retzlaff，P. D.，King，R. E.，& Callister，J. D. (1995b). U. S. Air Force pilot training completion and retention：A ten year follow-up on psychological testing (AL/AO TR-1995 – 0124) Washington，DC：U. S. Government Printing Office.

39. Retzlaff，P. D.，King，R. E.，Marsh，R. W.，& French，J. (1997). The development of the Sustained Operations Assessment Profile (SOAP) (AL/AO-TR-1997 – 0094) Washington，DC：U. S. Government Printing Office.

40. Retzlaff, P. D., King, R. E., McGlohn, S. E., & Callister, J. D. (1996). The Development of the Armstrong Laboratory Aviation Personality Survey (ALAPS) (AL/AO TR-1996 − 0108) Washington, DC: U. S. Government Printing Office.

41. Retzlaff. P. D. & Gibertini, M. (1987). Air Force pilot personality: hard data on the "right stuff." Multivariate Behavioral Research, 22: 383 − 399.

42. Rippon, T. S., & Manuel, E. G. (1918). The essential characteristics of successful and unsuccessful aviators. The Lancet, September, 411 − 415.

43. Santy, P. A. (1994). Choosing the right stuff: the psychological selection of astronauts and cosmonauts. Westport, Connecticut: Praeger.

44. Schnieder, D. (1985). Training high performance skills: Fallacies and guidelines. Human Factors, 27, 285 − 300.

45. Selye, H. (1978). The stress of life. NY: McGraw Hill.

46. Siem, F. M. (1990). Comparison of male and female USAF pilot candidates. AGARD Symposium on Recruiting, Selection, Training, and Military Operations of Female Aircrew. Tours, France.

47. Siem, F. M., & Murray, M. W. (1994). Personality factors affecting pilot combat performance: A preliminary investigation. Aviation, Space, and Environmental Medicine, 65, A45 − 48.

48. Stronglin, T. S. (1987). A historical review of the fear of flying among aircrew. Aviation, Space, and Environmental Medicine, 58, 263 − 267.

49. Verdone, R. D., Sipes, W., Miles, R. (1993). Current trends in the usage of the adaptability rating for military aviation (ARMA) among USAF flight surgeons. Aviation, Space, and Environmental Medicine, 64, 1086 − 1093.

50. War Department (1940). Outline of neuropsychiatry in aviation medicine, Technical Manual 8 − 325. Washington, DC.

51. Wolfe T. (1980). The right stuff. NY: Bantam Books.

52. Yerkes, R. M. & Dodson, J. D. (1908). The relation of strength of stimulus to rapidity of habit-formation. Journal of Comparative Neurology and Psychology, 459 − 482.

关于作者

　　雷蒙德·E.金博士是执业心理医生，美国新泽西州人。他本科毕业于罗格斯大学(新不伦瑞克，新泽西州)，硕士毕业于费尔里·狄更斯大学(麦迪逊，新泽西州)，在伊利诺伊职业心理学学院(芝加哥，伊利诺伊州)获得博士学位。他在美国空军任职时，实施了治疗项目来帮助新飞行员应对晕机和其他飞行障碍以及应对压力的需求。他曾教授心理医生、生理学家、航医及其他人为因素咨询师关于灾祸调查的技巧。他曾任职于德克萨斯州休斯敦的 NASA 约翰逊宇航中心，并为大量宇航员的选拔提供精神病学评估。他也曾作为两个政府资助项目的首席调查员，调查男、女性飞行员的压力源、职业目标及人格(认知)特征。在阿姆斯特朗和莱特实验室合并为空军研究实验室的过程中，他担任人力效能董事会及航员系统关联分支的协同系统技术部首席长官。金博士的妻子是来自俄亥俄州克利夫兰市的克里斯蒂娜·M.奥辛斯基。他们有一个正在念小学的孩子埃利奥特，他还没有决定将来是成为一名宇航员，还是继承父亲的衣钵成为一名"疯狂的科学家"。

可以加入（或至少需了解）的组织

（以下内容并不表示经过美国空军或美国国防部认可。截至本书出版时，除非另有说明，所有组织均位于美国。）

航空航天医学协会（AsMA）
南亨利街 320 号
亚历山大，弗吉尼亚州 22314 - 3579
1 - 703 - 739 - 2240
http://www.asma.org

航空航天人为因素协会（隶属于 AsMA）
伍德兰路 1840 号
埃德蒙，俄克拉荷马州 73013
(405)954 - 6297

航空心理学家协会
心理学部门
旧金山州立大学
霍洛韦大道 1600 号
旧金山，加利福尼亚州 94132
1 - 415 - 338 - 1059
http://userwww.sfsu.edu/~kmosier/app.html
（会员制。会员费相对较低，包含订阅航空心理学国际期刊的费用）

澳大利亚航空心理学家协会
邮政信箱 99 号

克利夫顿海滩,澳大利亚 4879

＋613 9645 5473

http：//www. vicnet. net. au/～aavpa/

应用实验心理学部门

（美国心理学协会第 21 号部门）

指挥官 David J. Schroeder

联邦航空局民事航空医学机构（AAM—500）

邮政信箱 25082

俄克拉荷马城,俄克拉荷马州 73125

欧洲航空心理学家协会（EAAP）

摩根 23

莱茵河阿尔芬 RK2408 号

荷兰

＋31－172426479

Http：//www. eaap. com/

人为因素与人类工程学社团

邮政信箱 1369

圣塔莫尼卡,加利福尼亚州 90406－1369

(310)394－1811

Http：//hfes. org

极端环境下人类表现社团

威明顿派克 6052,166 号

代顿,俄克拉荷马州 45459

1－500－447－HPEE(4733)

http：//www. hpee. org

下列组织并非推荐参加。它们是可提供咨询的机构,出版优秀的通讯稿 *Gateway*,以及定期更新最新进展报告(SOARs):

航员系统人体工程学信息分析中心(CSERIAC)
(国防部信息分析中心技术上由美国空军研究实验室人力效能董事会管理,弗吉尼亚州麦克莱恩市博兹—艾伦与汉密尔顿指挥)

莫纳汗维 196 大厦,2261 号
俄亥俄州莱特—帕特森空军基地,45433 - 7022
http://www.cseriac.flight.wpafb.af.mil

中文版后记

  《航空航天临床心理学》中文版终于与读者见面了,感谢国外的同行雷蒙德·E.金教授编著了本书!航空航天领域一直给人一种深不可测、遥不可及的感觉,但他把很多艰涩难懂的理论知识通过活泼多样的形式展现出来,读后让人得到很多启示。心理学作为一门独立的学科,只有100余年的历史,而航空航天临床心理学则更为年轻,它是心理学在航空航天及相关特殊环境中从事高危、高压力职业人员的特殊应用。飞行训练和飞行活动是高危活动,作为飞行训练减员和造成飞行器灾难的主要原因是"人为因素",所以对复杂飞行系统组成人员的心理素质要求很高。本书可以帮助飞行员和决策者适应快速变化的任务,书中大量可操作性的心理调节技巧也非常接地气,章节编排清晰、语言表达通俗流畅,使本书的可读性很强。

  我曾主持如何对飞行员进行综合心理干预,提高其心理健康水平的研究课题。众所周知,飞行工作是一项高危职业,飞机员在飞行中会遇到诸如发动机突然发生故障、无线电通信障碍、进入浓云中失定向、迷航、油量不足、与其他飞行物体相撞等情况,这些意外事件轻则影响任务完成,重则导致机毁人亡。这些生死考验均会对飞行员造成极大的心理压力,产生过度紧张、恐惧和焦虑等不良情绪反应,导致认知偏差、行为失控、操作失当。例如,前苏联某飞行员在万米高空飞行时,听到发动机喘振的声音,误以为发生了爆炸,突然失能,出现反应抑制,对飞机完全失去了操纵,致使飞机瞬间下降了 5000 m,在不断呼唤下,飞行员才猛然从这种状态中恢复过来,最终成功重启发动机,避免了一次飞行事故。在战斗飞行中,飞行员还会面对地面火炮、地空导弹、常规防空火力和敌机的威胁,不可避免地产生高度的紧张情绪,特别是在作战飞行中驾驶受损的飞机或因各种原因需紧急着陆时,飞行员的压力反应更为明显。美国的一项研究结果表明,舰载机飞行员在执行降落任务时会产生心理和生理上的应激,无论是执行白天还是夜间降落任务,舰载机飞行员尿液中的 3-甲氧基 4-羟基苯乙二醇(MHPG;去甲肾上腺素的主要代谢物)含量的平均值都比不执行任务时高。此外,由于飞行活动技术高难,动作繁多,要求飞行员在日常还要接受严格的飞行训练,再加上相对单调的生活、经常在外执行任务、无法和家人团聚等,导致飞行员产生常人难以想象的持续心理压力。我还曾参与一项国家重大科研课题"模拟 450 m 氦氧饱和潜水研究",该课题对我国援潜救生和海洋资源开发有着极其重要的研究价值,我是课题组的主要负责人之一,重点工作是带领团队为参加"最终模拟 450 m 氦氧饱和潜水实验"任务的 4 名潜水员提供全程的心理服务保障和相关心理研究。他们需要在一个最高气体压强为 49 个大气压的狭小、密闭加压舱内度过 19 个日夜。潜水员不仅要面临舱内高温、高湿、高压、高噪声等特殊工作环境,还要应对随时可能出现的高压神经综合征,同时还要配合课题组完成很多科研任务,整个过程充满挑战! 实验期间,我运用不同的心理调节技巧并进行了大量人际相容性方面的训练,同时使用了催眠疗法、冥想、娱乐疗法等,实验最终取得了圆满成功。我国潜水深度打破了亚洲纪录,各大媒体竞相报道,被试潜水员李刚、叶永利、倪磊、孙志江被称为"亚洲承受压力最大的人",当然,这个压力指的是物理压力,但毋庸置疑,他们也承受了极大的心理压力。实验结束后,我陷入沉思,无论是航空航天还是航海方面的课题,很多时候都需要我们从心理选拔、心理评估、心理干预等多方面给予这种特殊职业的人群相对系统的心理保障,但这一类的文献并不多,尤其是专门针对航天员和飞行员进行临床心理干预方面的文献更是凤毛麟角。我每到一地出差都会光顾当地的图书馆和书店,希望能深度挖掘到此类文献资料。功夫不负有心人,有一次我到北京出差,去了趟国家图书馆,意外发现了这本书,我迅速翻阅了书中情绪调节和压力管理的部分,发现本书不同于一般的学术论著,观点阐述严谨细致却不乏风趣幽默,举例说明紧贴主题且代表性强。书中介绍了许多操作性很强的技巧和方法,这些方法对如今处于激烈的职场竞争或婚恋困惑的人群同样有参考意义。我将本书复印后带回了上海,准备翻译后再进行细致研究。我当时正在带研究生金斌,他是国防大学李川云教授的研究生,彼时因李教授要赴亚丁湾执行护航任务,所以委托我代为履行导师之责。我与金斌将书中与课题相关度高的部分章节翻译了出来,后来在领导的鼓励下,我们把整本书翻译了出来。

本书的书名听起来是针对特殊职业人群的,但是也有很多内容对我们增进心理健康水平、缓解压力、调节情绪等有重要的应用价值,因此建议读者根据本人需要,各取所需。本书第2、3章有助于读者了解如何从培养的源头选拔抗压能力强的人成为飞行员;第4～7章有助于读者了解如何为飞行员提供对抗心理压力的知识、训练及相关技巧,在飞行员遭遇重大危机事件时应该如何处置;第8～11章介绍具体建议和行之有效的操作方法。尤其是第9章"干预措施",介绍了关于缓解压力、控制愤怒、减轻体重、睡眠管理等经典方法和技巧,对压力较大的军人、警察、公务员、教师、企业白领等同样有很好的参考借鉴价值。

付梓之际,我首先感谢海军特色医学中心各级领导的支持与鼓励,才使本书得以面世;非常荣幸能请到军内著名心理学家——空军军医大学军事医学心理学系苗丹民教授为本书作序;感谢本书的副主译李川云教授,李教授是我的良师益友,他的智慧与勇气令我十分钦佩,有了李教授的鼓励和支持,才有了本书翻译工作的顺利进行;感谢海军军医大学第二附属医院风湿免疫科的吴歆主任为书稿的翻译倾注了大量心血,她孜孜以求的拼搏精神一直值得我学习;感谢每一位译者,牺牲了自己的休息时间默默翻译;感谢复旦大学出版社前社长王德耀为本书顺利出版所付出的辛苦努力;感谢海军军医大学心理系于海波主任、余永华协理员对我们团队的关注;感谢海军军医大学心理系航空与特种心理学教研室主任邓光辉教授及海军特色医学中心航空医学教研室主任姚永杰研究员对书稿提出的宝贵意见。

由于水平有限，原著中有大量专业学术术语与名词的运用与转换，在本书中有时可能无法准确表达原著的意思，希望广大读者朋友多多包涵并提出修改建议。倘若本书对有志于献身国防航空航天事业的朋友们有些许帮助，为健康中国行服务于大众提供一点参考，那将是我们全体译者莫大的荣幸！

海军军医大学心理系心理健康教育与咨询中心　马海鹰

2019 年 12 月

图书在版编目(CIP)数据

航空航天临床心理学/[美]雷蒙德·E. 金(Raymond E. King)著;马海鹰主译. —上海:
复旦大学出版社, 2019.12 (2021.9 重印)
书名原文:Aerospace Clinical Psychology
ISBN 978-7-309-13329-5

Ⅰ. ①航… Ⅱ. ①雷…②马… Ⅲ. ①航空心理学 ②航天心理学　Ⅳ. ①V321.3 ②V527

中国版本图书馆 CIP 数据核字(2017)第 262764 号

Aerospace Clinical Psychology by Raymond E. King

ISBN:978-0754611059

Original Copyright Raymond E. King 1999

Simplified Chinese translation copyright 2019 by Fudan University Press Co., Ltd.

ALL RIGHTS RESERVED

上海市版权局著作权合同登记号　图字 09-2017-179 号

航空航天临床心理学
[美]雷蒙德·E. 金（Raymond E. King）　著　马海鹰　主译
责任编辑/肖　芬

复旦大学出版社有限公司出版发行
上海市国权路 579 号　邮编:200433
网址:fupnet@ fudanpress.com　http://www.fudanpress.com
门市零售:86-21-65102580　　团体订购:86-21-65104505
出版部电话:86-21-65642845
上海盛通时代印刷有限公司

开本 787×960　1/16　印张 7.5　字数 95 千
2021 年 9 月第 1 版第 2 次印刷

ISBN 978-7-309-13329-5/V·02
定价:52.00 元

如有印装质量问题,请向复旦大学出版社有限公司出版部调换。
版权所有　　侵权必究